8°V
13309

I0001581

4609

OPTIQUE

DE NEWTON.

TRADUCTION NOUVELLE.

TOME SECOND.

OPTIQUE DE NEWTON,

TRADUCTION NOUVELLE,

Faite par M*** sur la dernière Édition originale, ornée de vingt-une Planches, & approuvée par l'Académie royale des Sciences ;

DÉDIÉE AU ROI,

Par M. Beauzée, Éditeur de cet Ouvrage, l'un des Quarante de l'Académie Françoise ; de l'Académie della Crusca ; des Académies royales de Rouen, de Metz, & d'Arras ; Professeur émérite de l'École royale militaire, & Secrétaire-Interprète de Monseigneur Comte d'Artois.

TOME SECOND.

A PARIS,

Chez LEROY, Libraire, rue Saint-Jacques ; vis à vis celle de la Parcheminerie.

M. DCC. LXXXVII.
Avec Approbation & Privilège du Roi.

TRAITÉ D'OPTIQUE

SUR LES RÉFLEXIONS,

RÉFRACTIONS, INFLEXIONS, ET COULEURS

DE LA LUMIÈRE.

LIVRE SECOND.

PREMIÈRE PARTIE.

OBSERVATIONS concernant les réflexions, les réfractions, & les couleurs des corps minces transparents.

C'EST une chose connue, que les corps transparents fort minces, tels que le verre, l'eau, l'air, &c, soufflés en bulles ou réduits

en (41) lamelles, produifent, fuivant leur té-
nuïté, diverfes couleurs; tandis qu'ils paroiffent
acolores, lorfqu'ils font plus épais. J'ai évité jufqu'ici de parler de ces couleurs, parce que la dif-
cuffion m'en paroiffoit difficile, & qu'elle n'étoit
nullement néceffaire au dèvelopement des
propriétés de la lumière que j'avois à examiner :
mais comme elle peut donner lieu à des découvertes tendantes à perfectionner la théorie
de l'Optique, fur-tout relativement à la confti-
tution des parties des corps d'où dépendent
leurs couleurs & leur tranfparence; je vais
m'occuper de cette matière. Pour la traiter
avec clarté & précifion, je commencerai par
expofer mes obfervations principales ; puis j'exa-
minerai les conféquences qu'on doit en tirer,
& l'application qu'on doit en faire.

I. OBSERVATION. Ayant joint deux prifmes
de façon que leurs côtés, qui étoient légèrement convexes, puffent fe toucher, je les
preffai ; & l'endroit du contact, où la lame
d'air intermédiaire étoit très-mince, devint

---

(41) Lames très-minces.

tranſparent comme s'ils euſſent formé un ſeul
morceau de verre. Là, toute la lumière incidente
paroiſſoit tranſmiſe, de ſorte qu'on y appercevoit une tache noire : il n'y avoit donc que
fort peu de lumière réfléchie à raiſon de
l'obliquité de ſon incidence ſur la lame d'air.
A travers la tache noire, qui reſſembloit à
un trou, on pouvoit diſtinguer les objets,
qu'on ne diſtinguoit point à travers les autres
parties où il y avoit de l'air interpoſé. Quoique les verres fuſſent un peu convexes, cette
tache étoit pourtant fort large : ce qui provenoit ſur-tout de ce que leurs parties comprimées fléchiſſoient en dedans, puiſqu'elle augmentoit en largeur à meſure que la preſſion devenoit plus forte.

II. Observation. En tournant les priſmes ſur leur axe commun, la lame d'air devint
ſi peu inclinée aux rayons incidents, que quelques-uns commencèrent à être tranſmis : alors
parurent ſur cette lame pluſieurs arcs déliés,
à peu près conchoïdaux, & de différentes couleurs. En continuant à tourner les priſmes, ces
arcs s'étendirent peu à peu juſqu'à former des

Fig. 46.

anneaux autour de la tache; puis ils se res-
serrèrent & diminuèrent de plus en plus.

Lorsque ces arcs commencèrent à paroître,
ils étoient bleus & violets; mais il y avoit
entre eux des arcs blancs, dont les bords internes
étoient un peu colorés de rouge & de jaune
tandis qu'on faisoit tourner les prismes, leurs
bords externes étant comme frangés de bleu.
Ainsi, à partir de la tache centrale, ils se
trouvoient dans cet ordre: blanc, bleu, violet;
noir, rouge, orangé, jaune, blanc, bleu, violet,
&c. De ces anneaux le bleu & le violet étoient
beaucoup moins foibles que le jaune & le rouge.

A mesure que les prismes tournoient sur
leur axe, les anneaux colorés se rétrécirent
toujours davantage, & de chaque côté s'ap-
prochèrent du blanc jusqu'à s'y confondre:
après quoi ils ne parurent plus que noirs &
blancs. Alors continuoit-on à tourner les prismes?
les couleurs ressortoient du blanc; le violet &
le bleu par le bord interne, le rouge & le
jaune par le bord externe: de sorte que depuis
la tache centrale, les anneaux paroissoient dans
cet ordre; blanc, jaune, rouge; noir, violet,
bleu, blanc, jaune, rouge; c'est à dire, dans

un ordre diamétralement oppofé à celui qu'ils avoient d'abord.

III. OBSERVATION. Tant qu'ils paroif-foient noirs & blancs, en tout ou en partie, ils étoient diftincts & bien terminés ; les noirs n'ayant pas moins d'intenfité que la tache centrale : leurs couleurs qui commençoient à fortir des bords du blanc étoient de même affez diftinctes. Ainfi, on en appercevoit un grand nombre : j'en ai compté quelquefois juf-qu'à trente fucceffions (chaque anneau noir & blanc pris pour une) ; fans parler des autres qui m'échappoient par leur petiteffe. Mais auffi tôt que les prifmes ceffoient de fe trouver dans la pofition où les anneaux paroiffoient colorés, je n'en diftinguois plus que huit ou neuf ; les extérieurs devenant auffi foibles que confus.

Pour que les anneaux ne paruffent que noirs & blancs, il falloit tenir l'œil à une diftance affez confidérable. Si on le tenoit plus proche, quoiqu'également incliné au plan des anneaux ; on voyoit fortir du blanc une couleur bleuâtre, qui anticipoit de plus en plus fur le noir, rendoit les anneaux moins diftincts, & laiffoit le blanc un peu coloré de rouge & de jaune. Je trouvai auſſi qu'en regardant à travers un trou oblong, plus étroit que la pupille, mais placé fort près de l'œil & parallèlement aux priſmes, je diſtinguois très-bien les anneaux, & j'en appercevois un plus grand nombre.

IV. OBSERVATION. Afin de mieux obſerver l'ordre des couleurs qui fortoient des anneaux blancs, à meſure que les rayons devenoient moins inclinés à la lame d'air, je pris deux objectifs ; l'un plan-convexe, d'environ 14 pieds de foyer ; l'autre bi-convexe, d'environ 50 pieds de foyer : j'appliquai le côté plan du premier ſur l'un des côtés du dernier, & comprimai légèrement ces verres pour faire paroître tour à tour les couleurs au milieu des anneaux ; puis je les détachai doucement pour faire enſuite diſparoître ces couleurs tour à tour.

En les comprimant à certain degré, la couleur qui paroiſſoit au milieu des autres étoit preſque uniforme de la circonférence au centre.

En les comprimant davantage, cette couleur s'élargiſſoit, juſqu'à ce que de ſon centre fortît une nouvelle couleur, qui la changeoit en anneau.

En les comprimant davantage encore, le diamètre de cet anneau augmentoit, & la largeur de fon périmètre diminuoit, jufqu'à ce qu'une nouvelle couleur fortît du centre de la dernière. Et ainfi de fuite, tant que la couleur centrale n'étoit pas remplacée par la tache noire.

Au contraire, en détachant infenfiblement le verre fupérieur de l'inférieur, le diamètre des anneaux diminuoit & la largeur de leur périmètre augmentoit, jufqu'à ce que chacune de leurs couleurs parvînt fucceffivement au centre. Alors elles étoient d'une largeur confidérable ; je les diftinguois avec plus de facilité, & je reconnus que leur fucceffion fe fefoit dans cet ordre.

Après la tache centrale, formée par le contact des verres, venoient le bleu, le blanc, le jaune, & le rouge. Le bleu & le violet étoient fi foibles, que je ne pouvois les diftinguer dans les anneaux formés par les prifmes. Pour le jaune & le rouge, ils étoient affez abondants, & occupoient à peu près autant d'efpace que le blanc, & quatre ou cinq fois autant que le bleu.

Les couleurs qui entouroient immédiatement ces anneaux étoient le violet, le bleu, le vert, le jaune, & le rouge; couleurs toutes affez vives, au vert près : mais le violet fembloit moins abondant que le bleu ; & le bleu, moins abondant que le jaune ou le rouge.

La troifième fuite des couleurs étoit formée du pourpre, du bleu, du vert, du jaune, & du rouge : mais le pourpre paroiffoit plus rougeâtre que le violet de la fuite précédente ; & le vert, auffi vif & auffi abondant qu'aucune des autres couleurs, excepté le jaune : quant au rouge, il commençoit à fe ternir un peu, tirant fort fur le pourpre.

La quatrième fuite étoit compofée de vert & de rouge. Le vert, fort abondant & fort vif, tiroit d'un côté fur le bleu ; de l'autre, fur le jaune : il ne s'y trouvoit ni jaune, ni violet, ni bleu ; & le rouge étoit fort imparfait.

Quant aux couleurs qui fuccédoient à celles-ci, elles s'affoibliffoient & s'altéroient de plus en plus, jufqu'à former, après trois ou quatre révolutions, un blanc imparfait.

Tandis que les verres étoient affez comprimés pour faire paroître noire la tache centrale, les couleurs prirent la forme que repréfente la figure 47 où *a, b, c, d, e; f, g, h, i, k; l, m, n, o, p; q, r; f, t; u, x; y, z,* défignent les couleurs fuivantes à commencer par le centre : noir, bleu, blanc, jaune, rouge ; violet, bleu, vert, jaune, rouge ; pourpre, bleu, vert, jaune, rouge ; vert, rouge ; bleu-verdâtre, rouge ; bleu-verdâtre, rouge-pâle ; bleu-verdâtre, blanc-rougeâtre.

Fig. 47.

V. OBSERVATION. Défirant déterminer l'épaiffeur de la lame d'air qui féparoit les verres & qui produifoit chaque couleur, je mefurai le diamètre des fix premiers anneaux à l'endroit le plus brillant de leurs orbites ; & je trouvai que leurs quarrés étoient en progreffion arithmétique des nombres impairs 1, 3, 5, 7, 9, 11. Comme l'un des côtés de ces verres étoit plan, l'autre convexe ; leurs intervalles, aux endroits où paroiffoient les anneaux, devoient être en même progreffion. Je mefurai

auſſi les diamètres des anneaux obſcurs qui
ſéparoient les couleurs les plus brillantes ; &
je trouvai que leurs quarrés étoient en progreſſion arithmétique des nombres pairs 2, 4,
6, 8, 10, 12. La détermination de ces meſures
n'étant pas moins délicate que difficile, je les
pris à différentes fois & ſur différentes parties
des verres, afin que l'uniformité des réſultats
pût faire preuve de leur juſteſſe. C'eſt de
cette méthode que je me ſuis ſervi dans quelques-unes des obſervations ſuivantes.

VI. OBSERVATION. Le diamètre du
ſixième anneau, meſuré à l'endroit le plus brillant de ſon orbite, étoit de $\frac{58}{100}$ de pouce ; &
le diamètre de ſphéricité du côté convexe de
l'objectif étoit environ de 102 pieds ; d'où
je déduiſis l'épaiſſeur de la lame d'air intermédiaire qui formoit cet anneau. Mais ſoup-
çonnant que le diamètre de ſphéricité n'étoit
pas déterminé avec aſſez d'exactitude ; in-
certain d'ailleurs ſi le côté, ſuppoſé plan, de
l'autre objectif n'étoit pas un peu concave ou
convexe, & ſi je n'avois pas comprimé les

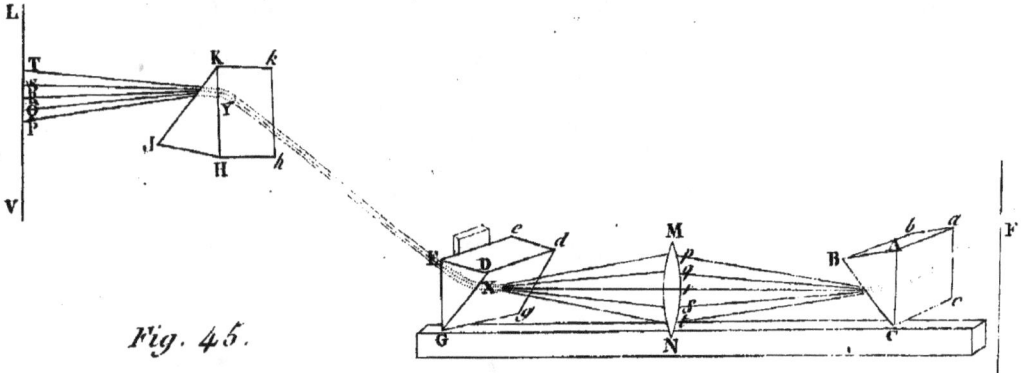

Fig. 45.

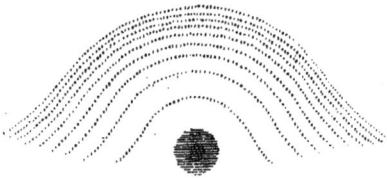

Fig. 46.

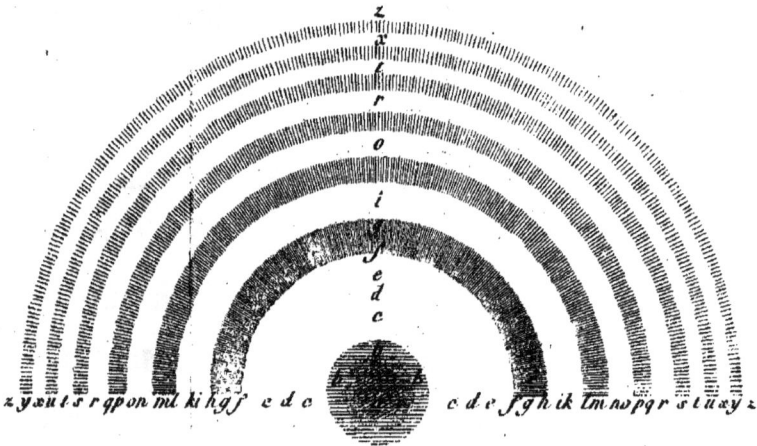

Fig. 47.

verres l'un contre l'autre pour qu'ils se tou-
chaffent, ce qui auroit rendu les anneaux fenfiblement plus larges ; je refis l'expérience, & je
trouvai le diamètre du fixième anneau d'envi-

ron $\frac{55}{100}$ de pouce. Je répétai enfuite l'expé-

rience avec un objectif bi-convexe, & de 85
pouces $\frac{2}{5}$ de foyer. Les finus d'incidence & de
réfraction de la lumière jaune la plus éclatante,
fuppofés entre eux dans le rapport de 11 à 17 ;
le diamètre de fphéricité de l'objectif fe trouvoit par le calcul de 182 pouces. Or après
avoir pofé cet objectif fur un verre plan, de
forte que la tache noire paroiffoit au milieu
des anneaux colorés, fans aucune preffion que
celle de la pefanteur du verre ; je mefurai
avec toute l'exactitude poffible le diamètre du
cinquième anneau obfcur, & je le trouvai
exactement d'un 5e de pouce. Je pris cette
mefure avec un compas à la furface du verre
fupérieur qui étoit épais de deux lignes, l'œil
placé prefque perpendiculairement & à la diftance de huit à neuf pouces. D'où il eft facile d'inférer que le diamètre réel de l'anneau
étoit plus grand que fon diamètre mefuré de

la forte, environ dans le rapport de 80 à 79.

Il étoit donc égal aux $\frac{16}{79}$ parties d'un pouce ; & fon demi-diamètre réel, aux $\frac{8}{79}$ parties.

Or le diamètre de la fphère, qui avoit 182 pouces, étoit au demi-diamètre de ce cinquième anneau obfcur, qui avoit $\frac{8}{79}$ parties de pouce ; comme ce demi-diamètre eft à l'épaiffeur de l'air à l'endroit où paroiffoit cet anneau : cette épaiffeur fe trouvoit donc de $\frac{32}{567,931}$ ou de $\frac{100}{1,774,784}$ parties de pouce ; tandis que l'épaif-feur de l'air à l'endroit du premier de ces anneaux obfcurs fe trouvoit de $\frac{1}{88,739}$ partie.

Je répétai ces expériences avec un autre objectif bi-convexe, & travaillé fur une fphère de 184 pouces. Cet objectif pofé fur le verre plan, je trouvai que le diamètre du cinquième des anneaux obfcurs étoit de $\frac{121}{600}$ parties de pouce (42); par conféquent de $\frac{1222}{6000}$ à l'en-

(42) Mefure prife avec le compas à la furface fupé-rieure, lorfque, fans avoir comprimé les verres, la tâche noire parut nettement au centre des anneaux.

droit où il paroiſſoit : car l'objectif ſupérieur avoit un 8e de pouce d'épaiſſeur. Or le dia-mètre de cette ſphère étant au demi-diamètre de cet anneau, comme la moitié du demi-diamètre de cet anneau eſt aux $\frac{5}{88,850}$ parties d'un pouce; l'épaiſſeur de l'air à l'endroit où paroiſſoit le cinquième anneau avoit $\frac{5}{88,850}$ parties de pouce; & celle où paroiſſoit le pre-mier anneau, $\frac{1}{88,850}$ partie.

Je variai l'Expérience en poſant l'objectif ſur des fragments de miroir plan, & je trouvai les mêmes dimenſions aux anneaux. Ainſi, elles ſeront cenſées exactes, juſqu'à ce qu'on parvienne à les déterminer plus exactement au moyen de verres travaillés ſur de plus grandes ſphères.

Ces meſures furent priſes, tandis que l'œil (preſque perpendiculaire aux verres, dont il étoit éloigné de huit pouces) ſe trouvoit incliné d'environ 15 lignes aux rayons incidents; de ſorte que ces rayons étoient à leur tour inclinés aux verres à peu près de 4 degrés. Mais on ſentira, par l'obſervation ſuivante, que, ſi les rayons euſſent été perpendiculaires aux verres, l'épaisseur de l'air à l'endroit où paroissoient ces anneaux auroit été moindre, dans le rapport du demi-diamètre à la sécante, de 4 degrés, c'est à dire dans le rapport de 10,000 à 10,024.

Or les épaisseurs, diminuant proportionnellement, se trouveront $\frac{1}{88,952}$ & $\frac{1}{89,063}$ partie de pouce, ou en nombre rond le plus approchant $\frac{1}{89,000}$ partie. Telle seroit l'épaisseur de l'air à l'endroit le plus sombre du premier anneau obscur, formé par des rayons perpendiculaires. Ainsi, la moitié de cette épaisseur multipliée par la progression arithmétique 1, 3, 5, 7, 9, 11, &c. donne les épaisseurs de l'air dans les parties les plus lumineuses de tous les anneaux blancs, savoir, $\frac{1}{178,000}$, $\frac{3}{178,000}$, $\frac{5}{178,000}$, $\frac{7}{178,000}$, &c; nombres dont les moyennes arithmétiques forment les épaisseurs de l'air dans les parties les plus sombres de tous les anneaux obscurs.

VII. OBSERVATION. Les anneaux étoient plus petits, lorsque l'œil se trouvoit dans leur

axe au deſſus des verres. Vus obliquement, ils
s'étendoient & continuoient de s'étendre à meſure que l'œil s'éloignoit de l'axe. En meſu-
rant le même anneau à différentes obliquités
de l'œil, & en me ſervant dès deux priſmes
dans les plus grandes obliquités, je trouvai
que le diamètre de chaque anneau, par conſéquent l'épaiſſeur de l'air à ſon périmètre, ſui-
voit à peu près les rapports exprimés à la
table ſuivante; où les deux premières colonnes
énoncent les angles d'incidence & de réfraction,
c'eſt à dire, les obliquités des rayons incidents
& émergents à la lame d'air; tandis que la troiſième colonne énonce le diamètre d'un anneau
coloré quelconque dans toutes ces obliquités,
en dixièmes du diamètre qu'il a lorſque les
rayons ſont perpendiculaires; enfin la quatrième
colonne énonce l'épaiſſeur de l'air à la circonférence de l'anneau, en dixièmes de l'épaiſſeur
qu'il a lorſque les rayons ſe trouvent perpendiculaires.

TABLE.

Angle d'in-cidence sur l'air.		Angle de ré-fraction dans l'air.		Diamètre de l'anneau.	Épaisseur de la lame d'air.
Deg.	Min.	Deg.	Min.		
00	00	00	00	10	10
06	26	10	00	$10\frac{1}{13}$	$10\frac{2}{13}$
12	45	20	00	$10\frac{1}{3}$	$10\frac{2}{3}$
18	49	30	00	$10\frac{3}{4}$	$11\frac{1}{2}$
24	30	40	00	$11\frac{2}{5}$	13
29	37	50	00	$12\frac{1}{2}$	$15\frac{1}{2}$
33	58	60	00	14	20
35	47	65	00	$15\frac{1}{4}$	$23\frac{1}{4}$
37	19	70	00	$16\frac{4}{5}$	$28\frac{1}{4}$
38	33	75	00	$19\frac{1}{4}$	37
39	27	80	00	$22\frac{6}{7}$	$52\frac{1}{4}$
40	00	85	00	29	$84\frac{1}{10}$
40	11	90	00	35	$222\frac{1}{2}$

De ces rapports je crois pouvoir déduire cette règle. *L'épaisseur de la lame d'air est propor-tionnelle à la sécante d'un angle, dont le sinus*

est

est une certaine moyenne proportionnelle entre le sinus d'incidence & celui de réfraction. Moyenne proportionnelle qui me paroît être la première de 106 moyennes proportionnelles arithmétiques entre ces sinus, à compter du plus grand sinus, c'est à dire, de celui de réfraction lorsque les rayons passent du verre dans la lame d'air, ou de celui d'incidence lorsque les rayons passent de la lame d'air dans le verre.

VIII. OBSERVATION. La tache noire centrale regardée obliquement augmentoit aussi, mais fort peu. Ayant substitué des prismes aux objectifs, elle augmenta davantage, toutefois lors seulement qu'on la regardoit assez obliquement pour qu'il ne parût aucune couleur autour. Jamais elle n'étoit plus petite, que lorsque les rayons tomboient fort obliquement sur l'air intermédiaire; & à mesure que l'obliquité diminuoit, elle alloit en augmentant, jusqu'à ce que les anneaux colorés vinssent à paroître; puis elle diminuoit, mais par degrés moins rapides qu'elle n'avoit augmenté. D'où il est évident que la transparence n'avoit pas simplement lieu aux points de contact des

verres, mais aux points contigus où ces verres
étoient très-peu séparés. J'ai observé par fois
que le diamètre de la tache centrale, regardée
presque perpendiculairement, fesoit un peu
plus des $\frac{2}{5}$ & environ la moitié de la circonférence extérieure de l'anneau rouge dans la
première suite d'anneaux colorés : mais lorfqu'on la regardoit obliquement, elle difparoif-
foit tout à fait, réfléchiffant la lumière comme
les autres parties du verre. D'où l'on peut inférer qu'alors les verres fe touchoient à peine,
ou qu'ils ne fe touchoient point du tout ; leur
diftance réciproque à l'endroit du périmètre
de la tache, regardée perpendiculairement,
étant à peu près la 5ᵉ partie de leur diftance
à l'endroit de la circonférence de l'anneau
rouge.

IX. OBSERVATION. En regardant à
travers les deux objectifs fuperpofés, je m'affûrai que l'air intermédiaire fefoit voir des
anneaux colorés, en tranfmettant la lumière
auffi bien qu'en la réfléchiffant. Alors la tache
centrale étoit acolore diaphane ; & à partir de
ce centre, les couleurs des anneaux dont elle

étoit environnée paroiſſoient dans cet ordre :
rouge , jaunâtre ; noir ; violet , bleu , blanc,
jaune ; rouge; violet, bleu , vert , jaune , rouge;
&c. Mais ces couleurs étoient très-foibles , à
moins que la lumière ne traverſât fort obliquement les verres.

En comparant les anneaux colorés produits
par la lumière tranſmiſe , aux anneaux colorés
produits par la lumière réfléchie , je trouvai
que le blanc étoit oppoſé au noir , le rouge au
bleu , le jaune au violet , & le vert au pourpre.
Ainſi , les parties du verre , qui vues à plomb
paroiſſoient blanches , devenoient noires vues
au travers ; tandis que celles qui dans le premier
cas paroiſſoient blanches , dans le dernier cas
paroiſſoient rouges. Il en étoit de même des
autres couleurs , comme on le voit par la *Fig.* Fig. 48.
48ᵉ où A B , C D repréſentent les ſurfaces des
verres qui ſe touchent en E , où les lignes
noires intermédiaires repréſentent les diſtances
réciproques de ces ſurfaces en progreſſion
arithmétique , & où les couleurs du haut
ſont vues par réflexion , les couleurs du bas
par tranſmiſſion.

X. OBSERVATION. Ayant légèrement
mouillé les bords des objectifs, il s'infinua
peu à peu de l'eau entre deux ; de forte que
les anneaux en devinrent plus petits & leurs
couleurs plus foibles. A mefure que l'eau
gagnoit, la moitié des anneaux où elle s'étoit
d'abord infinuée, parut détachée de l'autre
moitié & refferrée dans un plus petit efpace.
Ayant mefuré ces anneaux, la proportion de
leurs diamètres aux diamètres de pareils anneaux produits par une lame d'air fe trouva
à peu près celle de 7 à 8 : par conféquent les
intervalles des verres, aux endroits d'anneaux
femblables produits par ces deux milieux, font
à peu près comme 3 à 4.

Peut-être pourroit-on pofer en règle générale,
que, fi quelque autre milieu, plus ou moins
denfe que l'eau, fe trouvoit entre deux verres
comprimés, les intervalles de ces verres, aux
endroits des anneaux produits par ce milieu-là,
feroient aux intervalles des mêmes verres aux
endroits de pareils anneaux produits par l'air
interpofé, comme font entre eux les finus
mefurant la réfraction qui fe fait de ce milieu
dans l'air.

XI. OBSERVATION. Tant que l'eau étoit
entre les verres, si je pressois celui de dessus
par ses bords pour faire passer les anneaux
d'un endroit à un autre, une petite tache
blanche suivoit immédiatement leur centre :
mais l'eau d'alentour venant à s'insinuer à cet
endroit, la tache disparoissoit aussi tôt, & offroit
les couleurs qu'auroit produites l'air interposé.
L'air interposé, ai-je dit : ce n'étoit pourtant pas
de l'air, puisque les bulles qui s'èlevoient dans
l'eau ne fesoient pas disparoître ces couleurs.
Ainsi, un milieu plus subtil, & susceptible de
s'échapper à travers les verres pour faire place
à l'eau, causoit la réflexion.

XII. OBSERVATION. Ces Observations
furent faites au grand jour. Mais pour examiner encore avec plus de soin ces effets de
lumière, j'obscurcis la chambre, & je regardai
les verres que je venois d'illuminer par les
couleurs prismatiques réfléchies de dessus
une feuille de papier blanc, l'œil placé de
manière à voir dans ces verres comme dans
un miroir l'image du papier ainsi éclairé.
Par cette méthode, les anneaux devinrent

B 3

plus diftinéts, & j'en découvris un plus grand
nombre : j'en ai diftingué quelquefois jufqu'à
vingt; au lieu qu'au grand jour, je n'ai jamais
pu en diftinguer que huit ou neuf.

XIII. OBSERVATION. Tandis qu'on
fefoit mouvoir un prifme autour de fon axe,
pour faire fucceffivement tomber les couleurs
prifmatiques fur la partie du papier que je
voyois réfléchie à l'endroit des verres où paroiffoient les anneaux, l'œil reftant immobile;
je trouvai que les anneaux rouges étoient plus
grands que les bleus & les violets. L'intervalle
des verres à l'endroit d'un anneau du plus
beau rouge, étoit à leur intervalle à l'endroit
de l'anneau correfpondant du plus beau violet,
dans la proportion de 14 à 9; proportion à
peu près la même, quelle que fût l'obliquité
de l'œil, à moins qu'on ne fubftituât des
prifmes aux objectifs. Alors, à certaine obliquité,
les anneaux formés par différentes couleurs
étoient égaux : à une obliquité (43) plus con-

_____

(43) Il y avoit plaifir à les voir fe dilater ou fe
contracter à mefure que la couleur des rayons venoit
à changer.

fidérable, ceux qui étoient formés par le violet
étoient plus grands que les anneaux correfpondants formés par le rouge ; dans ce cas, la
réfraction du prifme fefoit que les rayons les
plus réfrangibles tomboient fur la lame d'air plus
obliquement que les rayons les moins réfrangibles. D'où l'on peut inférer que, fi les uns
& les autres avoient été affez nombreux pour
rendre les anneaux fenfibles fans mélange,
la proportion auroit été un peu plus forte que
celle de 14 à 9.

XIV. Observation. Tandis que le prifme tournoit d'une manière uniforme, pour projeter fucceffivement les rayons hétérogènes fur
les objectifs, & faire que les anneaux fe con-
tractaffent ou fe dilataffent ; je trouvai que la
contraction ou la dilatation étoit & plus grande
& plus prompte dans les rouges que dans les
jaunes, dans les jaunes que dans les bleus, &
dans les bleus que dans les violets. Pour en
déterminer les rapports avec toute l'exactitude
poffible, j'obfervai que la contraction ou la
dilatation du diamètre d'un anneau quelconque formé par toutes les nuances du rouge,

étoit à la contraction ou dilatation du diamètre du même anneau formé par toutes les nuances du violet, à peu près comme 4 est à 3 ou 5 à 4. J'observai encore que, lorsque les rayons étoient d'une teinte entre le jaune & le vert, le diamètre de l'anneau étoit à peu près une moyenne arithmétique entre le plus grand diamètre de l'anneau correspondant produit par les rouges les plus extérieurs, & son plus petit diamètre produit par les violets les plus extérieurs. Ce qui est totalement opposé à ce qui arrive aux couleurs du spectre, où le rouge se trouve le plus contracté, le violet le plus dilaté, & où les confins du vert & du bleu sont au milieu des couleurs. Il suit de là que les différentes épaisseurs de la lame d'air aux endroits où les confins (44) des couleurs primitives produisent les anneaux, sont entre elles comme les racines cubiques des quarrés des longueurs du monochorde, qui rendent ces tons de

---

(44) C'est à dire, par le rouge le plus externe, par les confins du rouge & du jaune au milieu de l'orangé, par les confins du jaune & du vert, par les confins du vert & du bleu, par les confins du bleu & du violet au milieu de l'indigo, & par l'extrémité du violet.

l'octave *sol, la, fa, sol, la, mi, fa, sol ;* c'est à dire, comme les racines cubiques des quarrés des nombres 1, $\frac{8}{9}$, $\frac{5}{6}$, $\frac{3}{4}$, $\frac{2}{3}$, $\frac{3}{5}$, $\frac{9}{16}$, $\frac{1}{2}$.

XV. OBSERVATION. On sent bien que ces anneaux étoient de la couleur des rayons projetés sur l'objectif. En y projetant successivement les rayons hétérogènes immédiatement à leur émergence du prisme, je reconnus que ceux qui tomboient sur les espaces obscurs, entre les anneaux colorés, traversoient les verres sans changer de couleur. Car si on les recevoit sur un papier blanc, ils y peignoient des anneaux colorés semblables aux anneaux qui étoient réfléchis, & de même grandeur que les espaces moyens qui les transmettoient. Ce qui prouve évidemment que la lame d'air intermédiaire est disposée, suivant son épaisseur, à réfléchir ou à transmettre en certains endroits les rayons de lumière quelle que soit leur couleur (voyez la figure 49); de même qu'à réfléchir les rayons Fig. 49. d'une couleur, au même endroit où elle laisse passer les rayons d'une autre couleur.

XVI. OBSERVATION. Les quarrés des diamètres de ces anneaux formés par une couleur prismatique quelconque, étoient en progreſſion arithmétique, comme dans la V OBSERVATION. Et le diamètre du ſixième anneau jaune citron, vu preſque perpendiculairement, avoit à peu près $\frac{58}{100}$ de pouce, ou un peu moins, conformément à la VI OBSERVATION.

Les Obſervations précédentes ont été faites ſur une lame fort mince d'un milieu très-rare terminé par un plus denſe, tel que l'eau ou l'air compris entre deux verres. Dans celles qui ſuivent on verra les phénomènes que préſentent de minces lames d'un milieu plus denſe environné d'un plus rare, telles que les exfoliations du talk de Moſcovie, & les bulles de ſavon, environnées d'air.

XVII. OBSERVATION. Une bulle de ſavon, quelque temps après avoir été ſoufflée, offre une grande variété de couleurs. Si on la couvre d'une mince timbale de verre pour la mettre à couvert de l'agitation de l'air, ces différentes couleurs paroitront dans un ordre

Fig. 48.

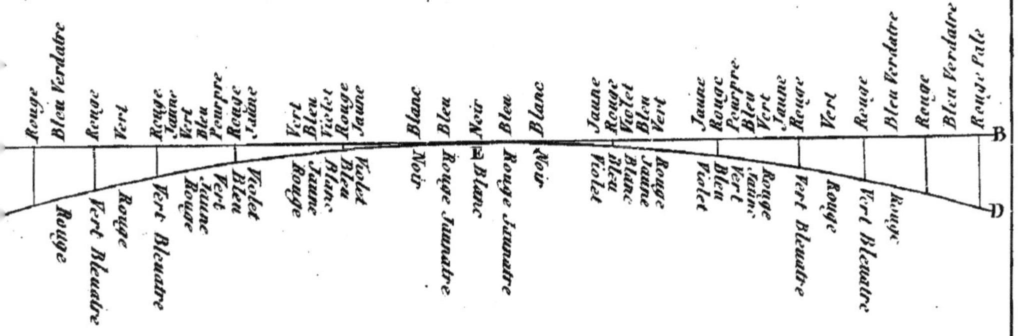

Rouge · Bleu Verdatre · Rouge · Vert · Rouge · Jaune · Rouge · Jaune · Rouge · Jaune · Rouge · Vert · Bleu · Jaune · Rouge · Vert · Bleu · Blanc · Bleu · Noir · Bleu · Blanc · Blanc · Jaune · Rouge · Vert · Bleu · Violet · Jaune · Rouge · Vert · Bleu · Jaune · Rouge · Vert · Jaune · Rouge · Bleu · Vert · Jaune · Rouge · Vert Bleuatre · Rouge · Vert Bleuatre · Rouge · Bleu Verdatre · Rouge · Bleu Verdatre · Rouge Pale

B
D

Rouge · Vert Bleuatre · Rouge · Vert Bleuatre · Violet · Vert · Bleu · Jaune · Rouge · Noir · Rouge Blanc · Rouge Jaunatre · Rouge Jaunatre · Noir · Blanc · Bleu · Blanc · Bleu · Violet · Vert Bleuatre · Rouge · Vert Bleuatre

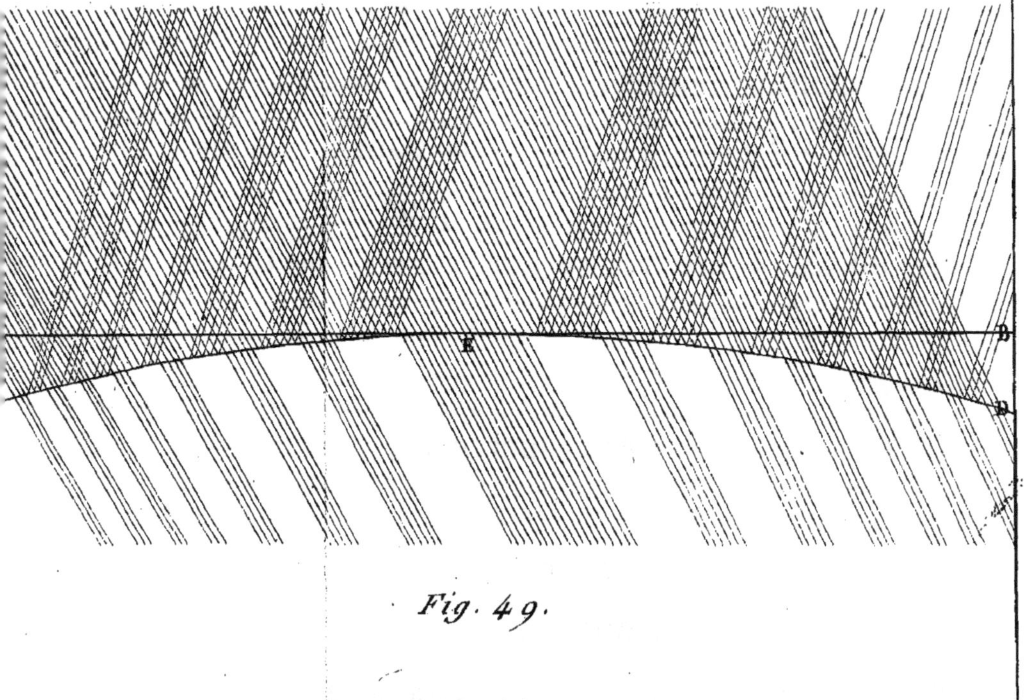

E

Fig. 49.

D
D

très-régulier, & fous la forme d'anneaux concentriques rangés autour du fommet. A mefure que la bulle devient plus mince par l'écoulement de l'eau qui gravite, les anneaux colorés fe dilatent peu à peu, & s'étendent fucceffivement jufqu'au bas ; puis ils difparoiffent chacun à leur tour. Dès que les anneaux fe font dèvelopés au haut de la bulle ; à leur centre fe forme une petite tache noire & ronde, qui fe dilate par degrés, & parvient à avoir 6 ou 8 lignes de diamètre avant que la bulle crève. Je crus d'abord qu'à cet endroit la bulle ne réfléchiffoit point de lumière ; mais en y regardant de près, je découvris dans la tache plufieurs autres taches rondes plus petites & plus noires : preuve certaine qu'il fe fefoit quelque réflexion aux endroits les moins obfcurs. En y regardant de plus près, je reconnus encore qu'on pouvoit appercevoir une foible image du foleil ou de la flamme d'une bougie, & dans la grande tache & dans les petites.

Souvent auffi paroiffoient de petites taches colorées qui montoient ou defcendoient çà & là le long de la bulle, à raifon de quelques inégalités produites à la furface de l'eau tandis qu'elle s'écouloit. Quelquefois même il se trouvoit des taches noires sur les côtés de la bulle, qui montoient vers la grande tache noire & s'y réunissoient.

XVIII. OBSERVATION. Comme ces anneaux colorés étoient plus étendus, plus vifs, & plus distincts, que ceux que fait voir la lame d'air comprise entre deux verres ; voici l'ordre exact dans lequel ils venoient à paroître au grand jour, après qu'on avoit mis un corps noir derrière la bulle : rouge bleu ; rouge, bleu ; rouge, bleu ; rouge, vert ; rouge, jaune, vert, bleu, pourpre ; rouge, jaune, vert, bleu, violet ; rouge, jaune, blanc, bleu, noir.

Dans les trois premières suites d'anneaux, il n'y avoit guères d'autres couleurs sensibles, que le rouge & le bleu : ces couleurs étoient fort foibles & indécises ; surtout dans la première suite, où le bleu tiroit même un peu sur le vert.

Le rouge de la quatrième suite étoit pareillement foible & indécis, mais un peu moins. Puis venoit peu ou point de jaune ; & beaucoup de vert de saule vif, qui d'abord tiroit sur le jaune, puis sur le bleu.

Dans la cinquième fuite, le rouge qui d'abord tiroit fur le pourpre devint plus vif. A ce rouge fuccédoit un peu de jaune foncé, fort éclatant; mais bientôt il fe changea en vert plus intenfe & plus vif que le précédent. Après cela venoient un excellent bleu, un bleu célefte très-éclatant, & un pourpre rouge plus abondant que le bleu.

Dans la fixième fuite, le rouge, d'abord écarlate & fort vif, acquit encore de l'éclat, & devint bientôt le plus beau de tous. Un brillant orangé fuivoit le rouge, & précédoit un jaune abondant intenfe, & le plus beau de tous. Le jaune devint enfuite verdâtre, puis bleuâtre. Les couleurs qui parurent immédiatement après, étoient le bleu & le violet : le bleu étoit azur fort vif ; & le violet, moins abondant que le bleu, étoit foncé.

Dans la dernière fuite, le rouge, d'abord écarlate tirant fur le violet, fe changea en une couleur plus brillante tirant fur l'orangé ; & le jaune, qui fuivoit, s'affoiblit jufqu'à fe perdre dans le blanc. Si l'eau fe trouvoit fort chargée de favon bien diffout, ce blanc s'étendoit lentement fur la plus grande partie de la bulle, devenant toujours plus pâle vers le haut, où enfin il se fendoit en plusieurs endroits. A mesure que ces fentes se dilatoient, elles paroissoient d'un bleu céleste foncé. A l'égard du blanc qui se trouvoit entre les taches bleues, il forma un réseau irrégulier, & disparut, laissant colorée en bleu obscur toute la partie supérieure de la bulle. Vers la partie inférieure, ce bleu se dilatoit comme avoit fait le blanc, quelquefois jusqu'à l'enveloper entièrement. Mais le haut, qui étoit d'un bleu plus obscur que le bas, offroit plusieurs taches rondes d'un bleu plus sombre encore, & plusieurs taches fort noires, au milieu desquelles on en distinguoit d'autres encore plus obscures. Ces dernières ne cessoient de se dilater, jusqu'à ce que la bulle vînt à crever.

Si l'eau se trouvoit peu chargée de savon, dans le blanc paroissoient des taches noires sans mélange de bleu : quelquefois elles paroissoient dans le jaune, le rouge, ou le bleu, avant que les couleurs moyennes eussent le temps de se développer.

Ainsi, on voit la grande affinité qu'il y a entre ces couleurs & celles qu'offre une lame d'air, quoique rangées en ordre inverfe : parce que les premières commencent à paroître quand la bulle a le plus d'épaiffeur, & qu'il eft plus commode de les compter depuis la partie la plus baffe, c'eft à dire, la plus épaiffe, jufqu'à la partie la plus èlevée de la bulle.

XIX. Observation. En examinant les anneaux colorés qui paroiffoient au haut de la bulle, je reconnus qu'ils fe dilatoient fenfiblement à mefure que l'obliquité de l'œil augmentoit ; mais beaucoup moins que les anneaux (de la VII. Observation) formés par une très-mince lame d'air. Ceux-ci, vus le plus obliquement qu'il étoit poffible, fe dilatoient fi fort qu'ils arrivoient à une partie de la lame d'air, au moins douze fois plus épaiffe que la partie où ils paroiffoient quand ils étoient vus perpendiculairement ; au lieu que dans ceux-là, le rapport des épaiffeurs de la lame d'eau étoit un peu moindre que celui de 8 à 5, ou plus tôt de 15 à 10. La dilatation des derniers étoit donc 24 fois moindre que la dilatation des premiers.

Quelquefois la bulle devenoit d'une épaif-

seur uniforme, excepté vers son sommet; ce
que j'inférai de ce que la bulle présentoit les
mêmes couleurs, quelle que fût la position de
l'œil. Mais celles qu'on appercevoit à sa circonférence par les rayons les plus obliques,
étoient différentes de celles qu'on appercevoit
en d'autres endroits par des rayons moins
obliques. Une même partie de la bulle, vue
sous des obliquités différentes, paroissoit aussi
de différentes couleurs. Or considérant combien
(à raison de ces différentes obliquités) les couleurs varioient aux mêmes endroits de la bulle,
& aux différents endroits d'égale épaisseur; je
conclus, des OBSERVATIONS IV. XIV. XVI,
ET XVIII, que l'épaisseur, requise pour faire
paroître à différentes obliquités une seule &
même couleur, est à peu près dans les rapports
énoncés par cette table.

TABLE

TABLE.

Incidence des rayons sur l'eau.		Réflexion des rayons de dessus l'eau.		Epaisseur de l'eau.
Deg.	Min.	Deg.	Min.	
00	00	00	00	10
15	00	18	11	10 $\frac{1}{4}$
30	00	22	1	10 $\frac{4}{5}$
45	00	32	2	11 $\frac{4}{5}$
60	00	40	30	13
75	00	46	25	14 $\frac{1}{2}$
90	00	48	35	15 $\frac{1}{5}$

Aux deux premières colonnes se voient les obliquités des rayons à la surface de l'eau, c'est à dire, les angles d'incidence & de réfraction ; leurs sinus supposés en nombres ronds comme 3 à 4.

A la troisième colonne se voit l'épaisseur de la bulle, qui offre une couleur quelconque dans ces différentes obliquités, exprimées en dixièmes de l'épaisseur propre à produire cette couleur lorsque les rayons font perpendiculaires. La règle qui résulte de la VII OBSERVATION bien appliquée s'accorde au mieux avec ces mesures : en voici l'énoncé. L'épaisseur d'une lame d'eau , requise pour produire une seule & même couleur à différentes obliquités de l'œil, est proportionelle à la sécante d'un angle dont le sinus est la première de 106 moyennes proportionelles arithmétiques entre les sinus d'incidence & de réfraction; à partir du plus petit sinus, c'est à dire, de celui de réfraction lorsque le rayon passe de l'air dans l'eau, & réciproquement.

J'ai observé par fois que les couleurs apparentes sur l'acier poli ou quelque autre substance métallique, incandescente ou fondue & refroidie à l'air libre, changent un peu lorsqu'on les voit sous différentes obliquités, comme font celles des bulles de savon. Le bleu foncé & le violet, par exemple, regardés fort obliquement, se changent en rouge foncé. Mais ces changements font moins considérables que ceux qui arrivent aux couleurs produites par l'eau : car la partie vitrifiée, qui couvre la

furface de la plupart des métaux incandefcents
ou fondus, eft beaucoup plus denfe que l'eau;
or le changement des couleurs qui tient à
l'obliquité de l'œil eft moindre, à mefure que
la lame d'où elles réfultent eft plus denfe.

XX. OBSERVATION. Dans cette Obfervation, comme dans la IX, la lumière
tranfmife & la lumière réfléchie colorent différemment la bulle. La bulle réfléchiffoit-elle
à l'œil la clarté du ciel? elle paroiffoit rouge
à fa circonférence; puis elle paroiffoit bleue
dès qu'on regardoit le ciel à travers fes parois.
Au contraire lorfque la lumière réfléchie la fefoit
paroître bleue, la lumière tranfmife la fefoit
paroître rouge.

XXI. OBSERVATION. En mouillant de
fort minces plaques de talc de Mofcovie, je
vis devenir plus foibles les couleurs qu'elles
offroient; à cela près je n'y apperçus aucun
changement. Ce qui fait qu'une plaque a l'épaiffeur requife pour produire certaine couleur,
eft donc uniquement la denfité de cette lame,
non la denfité du milieu ambiant. On peut

s'affûrer, par les OBSERVATIONS X & XVI, de quelle épaiffeur font les bulles d'eau de favon, les plaques de talc de Mofcovie, &c, à l'endroit où elles produifent telle & telle couleur.

XXII. OBSERVATION. Un corps mince diaphane, plus denfe que le milieu ambiant, fait voir des couleurs plus éclatantes qu'un corps proportionnellement plus rare que ce milieu, comme je l'ai fur-tout obfervé à l'égard de l'air & du verre : car des bulles de verre très-mince, environnées d'air, font voir des couleurs beaucoup plus vives que ne font des lames d'air comprifes entre deux verres.

XXIII. OBSERVATION. Comparant la lumière réfléchie de différents anneaux, je trouvai qu'elle alloit en diminuant du fupérieur aux inférieurs : mais la blancheur du premier anneau étoit plus vive que la blancheur des parties de la plaque qui étoient au delà des anneaux; comme je m'en affûrai en regardant de loin des anneaux formés par deux objectifs, & en comparant deux bulles d'eau

de savon soufflées à tels intervalles, que
dans l'une la blancheur parut après toutes
les couleurs, & avant toutes les couleurs dans
l'autre.

XXIV. OBSERVATION. Ayant formé
des anneaux colorés à l'aide de deux objectifs,
quoiqu'il me fût impossible d'en distinguer à
œil nud plus de huit ou neuf, j'en appercevois bien davantage en les regardant à travers
un prisme. Souvent il m'est arrivé d'en compter
plus de quarante, fans parler de plusieurs autres
si petits qu'il n'y avoit pas moyen de les distinguer. Mais à en juger par l'espace qu'ils
occupoient, il y en avoit plus de cent. En
perfectionnant cette Expérience, on pourroit
fans doute en découvrir beaucoup plus encore;
car le nombre en paroît illimité, quoiqu'ils
ne deviennent visibles qu'autant que la réfraction prismatique les sépare, comme j'en dirai
la raison ci-après.

Du reste, le feul côté distinct de ces anneaux
étoit celui vers lequel se fefoit la réfraction :
l'autre côté sembloit même plus confus qu'à
vûe simple; de sorte qu'on n'y distinguoit

ordinairement qu'un ou deux anneaux des huit ou neuf qui paroiſſoient nettement à œil nud ; quelquefois même on n'en pouvoit pas diſtinguer un ſeul. Quant aux arcs qui paroiſ- ſoient diſtinctement, la plupart n'excédoient pas le tiers du cercle. Si la réfraction étoit fort grande ou le priſme fort éloigné des ob- jectifs, le milieu de ces arcs ſe brouilloit auſſi juſqu'à diſparoître & à devenir blanc ; tandis que leurs extrémités, de même que les arcs entiers les plus éloignés du centre, paroiſ- ſoient plus diſtincts qu'auparavant, & affec- toient la forme repréſentée par la *Fig.* 50.

Fig. 50.

Aux endroits où ces arcs paroiſſoient avec le plus de netteté, ils n'étoient que blancs & noirs alternativement. Mais à d'autres endroits, ils offroient des couleurs dont l'ordre étoit renverſé par la réfraction : de manière que, ſi le priſme, tenu d'abord fort près des verres, s'en éloignoit par degrés en s'approchant de l'œil ; les couleurs du ſecond, du troiſième, & du quatrième anneaux ſe contractoient vers le blanc qui ſe formoit entre eux, juſqu'à ce que s'évanouiſſant au milieu des arcs, elles reparoiſſoient enſuite dans un ordre diamétralement oppofé. Mais aux extrémités des arcs leur ordre étoit invariable.

Je plaçai quelquefois deux objectifs l'un fur l'autre, de manière qu'à œil nud tous les anneaux paroiffoient d'une blancheur parfaite : mais alors il fuffifoit de les regarder au travers d'un prifme pour en découvrir un grand nombre de colorés. De même, en regardant à travers un prifme des plaques de talc de Mofcovie, & des bulles de verre trop peu minces pour paroître colorées à œil nud, j'y ai découvert une grande variété de couleurs, régulièrement rangées de tous côtés en forme d'ondes. La même chofe m'eft arrivée à l'égard des bulles de favon; avant qu'on eût commencé d'en découvrir les couleurs à œil nud, elles ont paru, à travers un prifme, environnées d'un grand nombre d'anneaux horizontalement parallèles. Mais pour bien obferver ces phénomènes, il falloit tenir le prifme à peu près parallèlement à l'horizon, & le difpofer de manière que les rayons fuffent réfractés de bas en haut.

LIVRE SECOND.

SECONDE PARTIE.

REMARQUES sur les Observations précédentes.

APRÈS avoir exposé mes Observations sur les couleurs apparentes des corps minces dia‑phanes, & avant de m'en servir à dèveloper les causes des couleurs constantes des corps, il est à propos d'expliquer les plus composées par les plus simples ; telles que les II, III, IV, IX, XII, XVIII, XX, & XXIV.

Et d'abord, pour faire voir comment les couleurs sont produites dans la IV & la XVIII, prenez sur une droite quelconque, depuis le point Y, les longueurs YA, YB, YC, YD, YE, YF, YG, YH, proportionnelles entre elles comme les racines cubiques des quarrés des nombres $\frac{1}{2}$, $\frac{9}{16}$, $\frac{3}{5}$, $\frac{2}{3}$, $\frac{3}{4}$, $\frac{5}{6}$, $\frac{8}{9}$, 1, qui

Fig. 51.

repréſentent les longueurs du monochorde rendant tous les tons de l'octave, c'eſt à dire, proportionnelles aux nombres 6300, 6814, 7114, 7631, 8255, 8855, 9243, 10000. Enſuite ſur les points A, B, C, D, E, F, G, H, èlevez les perpendiculaires Aα, Aβ, &c, dont les intervalles repréſentent l'étendue des différentes couleurs marquées au deſſous, vis à vis de ces intervalles. Puis diviſez la ligne Aα proportionnellement aux nombres 1, 2, 3, 5, 6, 7, 9, 10, 11, &c. placés aux points de diviſion; & menez de Y par ces points les lignes 1 J, 2 K, 3 L, 5 M, 6 N, 7 O, &c.

Cela fait; ſuppoſez que A 2 repréſente l'épaiſſeur d'un corps mince tranſparent quelconque, à laquelle le violet externe eſt réfléchi en plus grande quantité dans la première ſuite de couleurs; vous trouverez, d'après la XIII OBSERVATION, que HK repréſentera l'épaiſſeur à laquelle le rouge externe eſt réfléchi en plus grande quantité dans la même ſuite. Pareillement d'après les OBSERVATIONS V & XVI, A 6 & H N déſigneront les épaiſſeurs auxquelles ces couleurs externes ſont réfléchies en plus grande quantité dans la ſeconde ſuite; tandis

que A 10 & HQ défigneront les épaiffeurs auxquelles ces mêmes couleurs font réfléchies en
plus grande quantité dans la troifième fuite.
Ainfi du refte. Enfin l'épaiffeur à laquelle
chacune des couleurs intermédiaires eft réfléchie
en plus grande quantité, fera déterminée,
d'après la XIV Observation, par la diftance
de la ligne AH, à partir des parties intermédiaires 2 K, 6 N, 10 Q &c. vis à vis & au
deffous defquelles font les noms de ces couleurs.

S'agit-il de déterminer la latitude de ces
couleurs dans les anneaux de chaque fuite ?
Que A 1 défigne la moindre épaiffeur, & A 3
la plus grande épaiffeur auxquelles le violet
externe eft réfléchi dans le premier anneau ;
que H J & H L défignent de pareilles limites
pour le rouge externe ; & que les couleurs
intermédiaires foient limitées par les parties
intermédiaires des lignes 1 J & 3 L, au deffous
& vis à vis defquelles font écrits les noms de
ces couleurs. Ainfi de fuite ; toute fois en
fuppofant que les réflexions, toujours plus
fortes dans les efpaces intermédiaires 2 K,
6 N, 10 Q, &c, vont en diminuant des deux

côtés vers ces limites, 1 J, 3 L, 5 M, 7 O, &c, sans être terminées d'une manière bien exacte. Au reste, si j'ai attribué la même largeur à chaque anneau, quoique les couleurs semblent un peu plus étendues dans le premier que dans les autres; c'est que l'inégalité est si légère, qu'elle est presque insensible.

D'après ce qui vient d'être dit, si on conçoit que les rayons hétérogènes sont tour à tour réfléchis dans les espaces 1 J L 3, 5 M O 7, 9 P R 11, &c, & transmis dans les espaces A H J 1, 3 L M 5, 7 O P 9, &c; il sera facile de savoir quelle couleur doit paroître en plein air, à telle ou telle épaisseur d'un corps mince transparent. Car en appliquant une règle parallèle à A H, à la distance de A H qui représente l'épaisseur du corps transparent; les espaces alternes 1 J L 3, 5 M O 7, &c, croisés par la règle, désigneront les couleurs primitives réfléchies, dont est composée celle qui paroît en plein air à telle ou telle épaisseur. Pour savoir (par exemple) quelle est l'espèce de vert qui doit paroître dans le troisième anneau; il suffira d'appliquer la règle sur $\pi \rho \sigma \varphi$, puis de la faire passer sur quelque partie du bleu en π & du jaune en ρ : alors on trouvera que le vert visible à cette épaisseur du corps est principalement composé d'un vert primitif, mêlé d'un peu de bleu & de jaune.

On peut aussi connoître par cette méthode comment les couleurs doivent se succéder, à partir du centre des anneaux ; & cela d'après l'ordre qui a été décrit dans les OBSERVATIONS IV & XVIII. Car si on fait successivement mouvoir la règle depuis A H à travers toutes les distances, après qu'elle aura passé par dessus le premier espace, qui ne désigne que peu ou point de réflexion causée par les corps les plus minces ; elle arrivera précisément à 1, c'est à dire, au violet ; bientôt après au bleu & au vert, qui conjointement avec ce violet composent du bleu ; ensuite au jaune & au rouge, qui conjointement avec ce bleu composent du blanc. Ce blanc règne jusqu'à ce que le bord de la règle arrive à 3. Mais les couleurs dont il est composé venant à manquer successivement, il se change d'abord en jaune composé, puis en rouge ; & ce rouge dispa-roît enfin en L.

Là commencent les couleurs du second an-

beau. Plus vives que celles du premier, parce
qu'elles font dilatées & mieux féparées l'une de
l'autre, elles fe fuccèdent par ordre ; tandis
que le bord de la règle paffe de 5 en O.
Par la même raifon, au lieu de blanc, paroît
entre le bleu & le jaune un mélange d'orangé,
de jaune, de vert, de bleu, & d'indigo ; duquel doit réfulter un vert lavé & imparfait.

De même, les couleurs du troifième anneau
fe fuccèdent par ordre. D'abord vient le violet ;
un peu mélé au rouge du fecond anneau, il
forme une efpèce de pourpre rougeâtre. Enfuite viennent le bleu & le vert ; moins mélés
à d'autres couleurs, ils font plus vifs que les
précédents, fur tout le vert. Suit le jaune,
dont la partie au côté du vert eft diftinѐe,
mais dont la partie au côté du rouge forme
un jaune qui, mélé au violet & au bleu du
quatrième anneau, compofe différentes nuances
d'un rouge pourpre. Ce violet & ce bleu,
qui devroient fuccéder à ce rouge, fe trouvent confondus avec lui. Vient un vert,
d'abord fort bleuâtre, enfuite affez franc :
c'eft la feule couleur vive & pure qui paroiffe
dans ce quatrième anneau ; mais bientôt il

commence à tirer fur le jaune, & à fe mêler aux couleurs du cinquième anneau. A raifon de ce mélange le jaune & le rouge, qui viennent immédiatement après, font fort foibles & indécis; particulièrement le jaune, qui, étant la plus foible des couleurs, eft à peine fenfible. Après cela les différents anneaux & leurs couleurs s'entremêlent & fe confondent de plus en plus, jufqu'à ce qu'après trois ou quatre révolutions, où le bleu & le rouge dominent, tous les rayons hétérogènes, mélés affez également, compofent un blanc uniforme.

Comme les rayons d'une couleur font tranfmis au même endroit où ceux d'une autre couleur font réfléchis, conformément à la XV OBSERVATION; on peut en déduire évidemment la caufe des couleurs produites par la lumière tranfmife dans les OBSERVATIONS IX & XX.

Après avoir déterminé les couleurs & la fucceffion des anneaux, fi on veut avoir en parties de pouce l'épaiffeur de la lame du milieu réfringent à l'endroit où ces couleurs paroissent, on y parviendra sans peine. Car suivant les Observations VI & XVI, les différentes épaisseurs de la lame d'air comprise entre deux verres, où paroissent les portions les plus brillantes des six premiers anneaux colorés, étoient de $\frac{1}{178,000}$, $\frac{3}{178,000}$, $\frac{5}{178,000}$, $\frac{7}{178,000}$, $\frac{9}{178,000}$, $\frac{11}{178,000}$ parties de pouce. Or supposez que la lumière réfléchie le plus abondamment à ces épaisseurs soit d'un jaune citron le plus éclatant, ou d'un jaune orangé; les épaisseurs demandées seront F λ, F μ, F ν, F ξ, F o, F ϖ. Ces données une fois connues, il sera aisé de déterminer quelle épaisseur d'air est représentée par G φ, ou par toute autre distance de la règle à A H.

Mais puisque, dans la X Observation, l'épaisseur de l'air étoit à celle de l'eau comme 4 à 3, lorsque l'eau & l'air fesoient paroître les mêmes couleurs entre les mêmes verres; & puisque, dans la XXI Observation, les couleurs des corps minces ne varient point, quoique le milieu ambiant vienne à changer; l'épaisseur d'une bulle d'eau de savon qui fait paroître une couleur quelconque sera les $\frac{1}{4}$ de l'épaisseur de la lame d'air qui fait paroître la même couleur.

L'épaisseur d'une plaque de verre, où la réfraction des rayons de moyenne réfrangibilité est mesurée par la proportion des sinus 31 à 20, aura donc les $\frac{20}{31}$ de l'épaisseur d'une lame d'air qui fait paroître la même couleur. Il en est ainsi de tout autre milieu, à la très-petite différence près du sinus des rayons d'extrême réfrangibilité. C'est sur ce fondement que j'ai dressé la table suivante, où l'épaisseur particulière des lames d'air, d'eau, & de verre, qui fait voir chaque couleur avec le plus de netteté & de vivacité, est exprimée en millionnièmes de pouce.

TABLE

TABLE

Dés épaiſſeurs de ces lames ou des particules des corps.

		d'Air.	d'Eau.	de Verre.
Couleurs du premier ordre.	Très-noir.	$\frac{1}{2}$	$\frac{3}{8}\,\frac{3}{4}$	$\frac{10}{\ldots}$
	Noir.	1		
	Commencement de noir.	2	1	1
	Bleu.	2	1	1
	Blanc.	5	3	3
	Jaune.	7	5	4
	Orangé.	8	6	5
	Rouge.	9 $\frac{3}{4}$	6	5
Du second ordre.	Violet.	11	8	7 $\frac{1}{5}$
	Indigo.	12	9	8 $\frac{2}{11}$
	Bleu.	14	10	9
	Vert.	15	11	9
	Jaune.	16	12	10
	Orangé.	17	13	11
	Rouge éclatant.	18	13	11
	Ecarlate.	19	14	12
Du troisième ordre.	Pourpre.	21	15	13 $\frac{11}{20}$
	Indigo.	22 $\frac{1}{10}$	16	14 $\frac{1}{4}$
	Bleu.	23	17	15
	Vert.	25	18	16
	Jaune.	27	20	17
	Rouge.	29	21	18
	Rouge bleuâtre.	32	24	20
Du quatrième ordre.	Vert bleuâtre.	34	25 $\frac{1}{2}$	22
	Vert.	35 $\frac{2}{7}$	26	22
	Vert jaunâtre.	36	27	23
	Rouge.	40 $\frac{1}{3}$	30 $\frac{1}{4}$	26
Du cinquième ordre.	Bleu verdâtre.	46	34	29 $\frac{2}{3}$
	Rouge.	52 $\frac{1}{2}$	39	34
Du sixième ordre.	Bleu verdâtre.	58 $\frac{3}{4}$	44	38
	Rouge.	65	48 $\frac{3}{4}$	42
Du septième ordre.	Bleu verdâtre.	71	53 $\frac{1}{4}$	45
	Blanc rougeâtre.	77	57	49

Fig. 51. Si on compare cette table avec la Figure 51, on verra de quels rayons primitifs chaque couleur eſt compoſée ; par là on ſaura à quel point elle eſt parfaite ou imparfaite : ce qui peut ſuffire pour expliquer les Observations IV & XVIII. Mais ſi on vouloit connoître les couleurs qu'offrent deux objectifs ſuperpoſés, il faudroit en outre tracer un grand arc de cercle, une tangente à cet arc, & pluſieurs occultes parallèles à cette tangente, menées à des diſtances qui déſignent les nombres portés à la Table vis à vis des couleurs. L'arc & ſa tangente repréſenteroient les ſurfaces des verres qui terminent l'air intermédiaire ; & les endroits, où les lignes occultes coupent l'arc, marque- roient à quelles diſtances du centre au point de contact chaque couleur eſt réfléchie.

Cette Table a d'autres uſages ; car elle a ſervi à déterminer, dans la XIX Observa- tion, l'épaiſſeur de la bulle, par les couleurs qu'elle offroit. On peut encore conjecturer (comme on le verra ci-après) par les couleurs des corps, quelle eſt la groſſeur de leurs parties. De même ſi on ſuperpoſe pluſieurs plaques

minces & unies de façon à n'en faire qu'une
feule qui les égale toutes en épaiffeur, on
pourra déterminer par cette Table la couleur
qui doit en réfulter. Par exemple, on a obfervé
(42) qu'une plaque jaune pâle de talc de
Mofcovie, pofée fur une plaque bleue, produit
un pourpre très-foncé. Or le jaune du premier
ordre eft un jaune pâle; & fuivant la Table
l'épaiffeur de la plaque qui le produit eft
4 $\frac{3}{5}$: ajoutez-y 9 pour l'épaiffeur de celle qui
produit le bleu du fecond ordre; la fomme
fera 13 $\frac{3}{5}$; épaiffeur d'où réfulte le pourpre
du troifième ordre.

Venons aux principales circonftances des
OBSERVATIONS II & III. S'il eft queftion de
faire voir comment, lorfqu'on tourne les
prifmes fur leur axe commun en fens contraire
à celui qui eft défigné dans ces Obfervations,
les anneaux colorés fe changent en anneaux
blancs & noirs, puis en anneaux colorés dont
les couleurs ont un ordre inverfe; on fe
fouviendra que ces anneaux colorés font dilatés

(42) M. Hook; voyez fa Micrographie.

D 2

par l'inclinaifon des rayons à la lame d'air
intermédiaire ; & que d'après la Table de la
VII OBSERVATION, l'augmentation de leurs
diamètres devient d'autant plus confidérable
que les rayons tombent plus obliquement. Or
les rayons jaunes, étant plus rompus par la
première furface de l'air que les rayons rouges,
deviennent par là plus obliques à la feconde
furface, d'où ils font réfléchis pour produire
les anneaux colorés. Par conféquent l'anneau
jaune de chaque fucceffion fera plus dilaté
que l'anneau rouge; & l'excès de fa dilatation
fera d'autant plus grand, que l'obliquité des
rayons fera plus confidérable, jufqu'à ce que
l'anneau jaune égale enfin l'anneau rouge de
la même fuite. Par cette raifon, le vert, le
bleu, & le violet feront d'autant plus dilatés,
que l'obliquité de leurs rayons ira en augmentant, jufqu'à ce qu'ils ayent à peu près autant
d'étendue que le rouge, c'eft à dire, jufqu'à
ce qu'ils foient également éloignés du centre
des anneaux. Alors toutes les couleurs de la
même fuite d'anneaux doivent fe trouver unies :
de leur mélange doit donc réfulter un anneau
blanc. Mais puifque ces anneaux blancs ne fe

dilatent point, & ne rentrent point l'un dans l'autre comme font les colorés ; il doit y en avoir de noirs entre eux : ces anneaux doivent donc devenir plus diftincts & paroître en plus grand nombre. Cependant comme les rayons violets, proportionnellement plus dilatés que ceux des autres couleurs, font les plus obliques; ils doivent paroître fur les bords extérieurs du blanc.

Si on augmente l'obliquité des rayons incidents, les violets & les bleus fe dilateront plus que les rouges & les jaunes. Dès lors, leurs couleurs refpectives, plus éloignées du centre des anneaux, doivent fortir du blanc en ordre inverfe de celui qu'elles avoient d'abord : favoir le violet & le bleu, du bord extérieur de chaque anneau ; le rouge & le jaune, du bord intérieur. Or le violet, dont les rayons font les plus obliques, étant proportionnellement plus dilaté, paroitra le premier au bord extérieur de chaque anneau blanc, & avec plus d'éclat que les autres couleurs. Les différentes couleurs qui appartiennent aux différentes fuites d'anneaux, venant à fe dèveloper & à fe dilater, recommenceront à s'entreméler &

à rendre les anneaux moins diſtinéts ; de ſorte
qu'il n'y en aura pas un ſi grand nombre de
viſibles.

Au lieu de priſmes, ſi on ſe ſert d'objectifs, les anneaux ne paroîtront pas blancs &
diſtinéts, malgré l'obliquité de l'œil ; parce qu'en
traverſant l'air intermédiaire, les rayons qui
commencent à former les anneaux ſont preſque
parallèles aux lignes qu'ils décrivoient à leur
incidence ſur le verre : les hétérogènes ne ſe
trouvent donc pas inclinés à cet air-là les uns
plus que les autres, comme il arrive quand
on ſe ſert de priſmes.

Une autre circonſtance digne de remarque
eſt que les anneaux noirs & blancs, qui vus
de loin ſemblent bien terminés, paroiſſent
confus regardés de près ; on apperçoit même
du violet au bord de chaque anneau blanc :
ce qui vient de ce que les rayons qui entrent
dans l'œil par différents endroits de la pupille,
ſont différemment inclinés aux verres. Or les
plus obliques (pris ſéparément) forment de
plus grands anneaux que les moins obliques :
d'où il arrive que la largeur du périmètre
de chaque anneau blanc eſt dilatée en dehors

par les plus obliques, & en dedans par les
moins obliques ; dilatation d'autant plus forte,
que la différence d'obliquité est plus confidérable, c'est à dire, que la pupille est plus
ouverte, ou l'œil plus proche des verres. L'anneau
violet doit donc avoir plus de largeur, puifque fes rayons fe trouvent les plus inclinés à
la feconde furface de l'air intermédiaire qui
les réfléchit, & qu'ils diffèrent le plus en
obliquité : auffi le violet fort-il le premier des
bords du blanc. A mefure que la largeur de
chaque anneau augmente de la forte, les intervalles obfcurs doivent diminuer, jufqu'à ce que
les anneaux voifins viennent à fe toucher &
à fe confondre ; ce qui arrive d'abord aux plus
éloignés, puis aux plus proches du centre :
ainfi, ne pouvant plus être vus féparément,
ils compofent en apparence un blanc uniforme.

Parmi nos Obfervations, il n'en eft aucune
qui réuniffe des circonftances auffi fingulières
que la XXIV.

Une circonftance effencielle, c'est que le
prifme fait voir des anneaux colorés dans de
minces plaques, qui à œil nud paroiffent diaphanes, blanches, uniformes, & par tout égale-

ment éclairées ; quoiqu'ordinairement il ne faffe paroître de couleur qu'aux endroits où les objets font terminés par quelque ombre, à moins qu'ils n'ayent des parties inégalement éclairées. Une autre circonftance effencielle, c'eft que les réfractions prifmatiques rendent ces anneaux extrêmement blancs & diftincts, quoiqu'ordinairement elles rendent les objets confus & colorés. On concevra la raifon de ces deux phénomènes, en fefant attention que ces anneaux colorés font en effet dans la plaque vue à œil nud ; quoiqu'à raifon de leur grande largeur, ils foient fi confondus qu'ils femblent compofer un blanc uniforme. Mais lorfque les rayons viennent à l'œil au travers d'un prifme, dans chaque anneau les orbites des différents cercles colorés font rompues les unes plus que les autres fuivant le degré de réfrangibilité de leurs rayons refpectifs : par ce moyen les couleurs d'un côté de l'anneau font proportionnellement plus dilatées; & les couleurs du côté oppofé, proportionnellement plus contractées. Aux endroits où elles font fi contractées par la réfraction que les différents anneaux ne peuvent fe croifer, ils paroiffent

distincts & même blancs, pourvu toutefois
que les cercles colorés coïncident parfaitement.
Mais de l'autre côté, où l'orbite de chaque
anneau est élargie par la dilatation de ses
couleurs; les anneaux, plus mélés qu'auparavant, paroissent moins distincts.

Pour mieux dèveloper ces raisons, supposez
que les cercles concentriques AV & BX, re-Fig. 52.
présentant le rouge & le violet d'une suite
quelconque, composent conjointement avec
les cercles intermédiaires un des anneaux blancs;
si on le regarde à travers un prisme, le cercle
violet BX sera transporté par la réfraction
plus loin que le cercle rouge AV : par conséquent il sera rapproché de ce dernier cercle
du côté où se font les réfractions. Si le rouge
est transporté en av le violet sera transporté
en bx : de sorte qu'en x le dernier sera plus
proche du premier qu'auparavant. Si le rouge
est transporté en av, le violet transporté en
bx pourra le rencontrer en x. Et si le rouge
est transporté en $\alpha\Upsilon$, le violet transporté en
$\beta\xi$ passera au delà du rouge en ξ, & s'unira
avec lui en e & f. Les mêmes transports

ayant lieu à l'égard des autres cercles intermédiaires du même anneau, & à l'égard de chaque fuite de cercles; on voit fans peine comment les couleurs d'une même fuite, venant à s'approcher l'une de l'autre en xv ou $\Upsilon\xi$, & à fe réunir en xv & en e & f, doivent compofer des arcs de cercles affez diftincts, furtout en xv ou en e & f, ou paroître féparément en xv, ou fe méler & produire du blanc en xv; puis reparoître diftincts en $\Upsilon\xi$; mais en ordre inverfe de celui qu'elles avoient auparavant, & qu'elles ont encore au delà de e & de f: tandis que de l'autre côté en ab & ab ou $a\beta$, ces couleurs, fi fort dilatées qu'elles fe mêlent aux couleurs des autres anneaux, doivent paroître beaucoup plus confufes. La même confufion doit régner en $\Upsilon\xi$ entre e & f, lorfque la réfraction eft plus grande, & que le prifme eft fort éloigné des objectifs : alors on ne diftingue aucune partie des anneaux, excepté deux petits arcs en e & f, dont la diftance réciproque augmentera à mefure que le prifme fera plus éloigné. Ces petits arcs feront blancs vers le milieu; mais colorés à leurs extrémités, où ils commencent à devenir confus. A leurs extré-

mités auffi, les couleurs feront en ordre inverfe ;
car les rayons qui les forment fe croifent dans
le blanc intermédiaire : ainfi, les extrémités
tournées vers ϒ ξ feront rouges & jaunes, du
côté le plus proche du centre ; bleues & violettes, du côté le plus éloigné : tandis que les
extrémités oppofées feront bleues & violettes,
du côté le plus proche du centre ; rouges &
jaunes, du côté le plus éloigné.

Quoique ces vérités fe déduifent mathématiquement des propriétés de la lumière, on
peut auffi les démontrer par expérience. Car
fi (dans une chambre obfcure) on regarde à
travers un prifme ces anneaux formés par la
réflexion des différentes couleurs prifmatiques
projetées fur un carton ; tandis que l'œil, le
prifme, & les objectifs ont une pofition fixe,
comme dans la XIII OBSERVATION : on trouvera que la fituation refpective des cercles
de différentes couleurs fera telle que je l'ai
décrite dans les figures *abxv* ou a b x v ou
α β ξ ϒ.

On peut expliquer de cette manière tout phénomène analogue concernant les bulles d'eau &
les minces plaques de verre. Seulement on obfer-

vera, à l'égard des petits fragments de ces
plaques, que, mis à plat sur une table, si on
les tourne autour de leur centre tandis qu'on
les regarde à travers un prisme, ils feront voir
en certaines positions des ondes de différentes
couleurs. Quelques-uns ne font voir ces ondes
que dans une ou deux positions ; mais la plupart
les font voir dans toute sorte de positions, &
ordinairement sur presque toute leur surface.
Ce qui vient de ce que leurs superficies ont
plusieurs petites éminences ou cavités, qui
font varier un peu l'épaisseur de la plaque.
Ainsi, dans les différentes situations du prisme,
il doit paroître des ondes aux différents côtés
de ces cavités. Quoique la plupart de ces ondes
ne soient produites que par des parties de
verre fort petites & fort étroites, elles peuvent
pourtant paroître s'étendre sur toute la superficie du verre : parce qu'il y a des couleurs de
divers ordres, lesquelles, réfléchies confusément par les plus étroites de ces parties, sont
séparées & dispersées de différents côtés par
les réfractions prismatiques, suivant que les
rayons qui les composent sont plus ou moins
réfrangibles ; de sorte qu'elles produisent autant

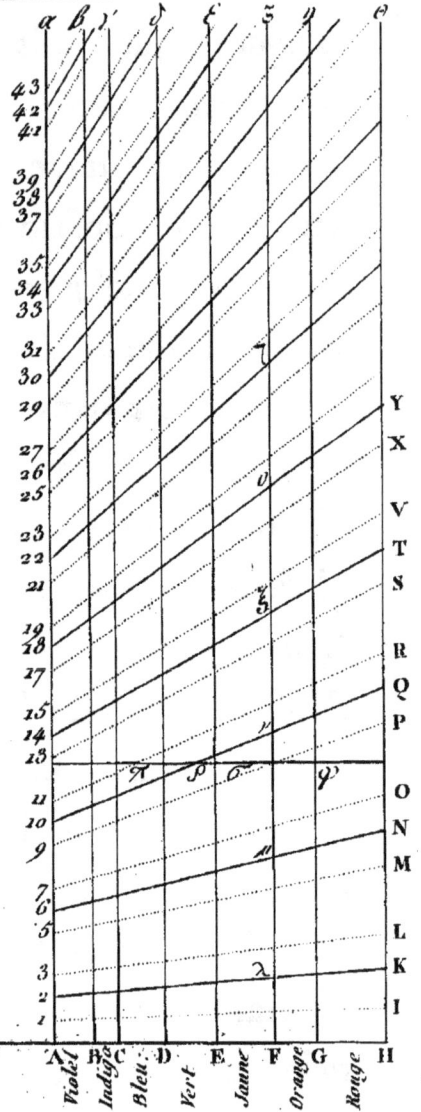

Fig. 50.

Fig. 51.

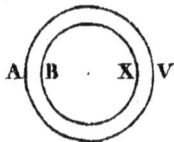

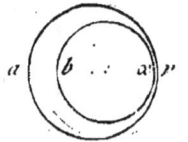

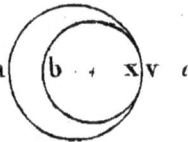

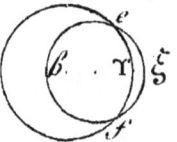

Fig. 52.

d'ondes différentes, qu'il y a d'ordres différents de couleurs confusément réfléchies de dessus cette partie du verre.

Voilà, relativement aux lamelles & aux bulles, les principaux phénomènes dont l'explication dépend des propriétés de la lumière exposées jusqu'ici : explication qui découle nécessairement de ces propriétés, & qui non seulement s'accorde avec elles jusques dans les plus petites circonstances ; mais qui contribue à en prouver la vérité. Ainsi, il paroît par la XXIV OBSERVATION que les rayons de différentes couleurs, produites tant par des lamelles ou des bulles que par les réfractions prismatiques, ont différents degrés de réfrangibilité, en vertu desquels les rayons d'un anneau, réfléchis par une lame ou une bulle, sont mêlés avec les rayons d'autres anneaux, ensuite séparés par réfraction, puis combinés de manière à paroître séparément comme autant d'arcs de cercles. Car si tous les rayons étoient également réfrangibles, il seroit impossible que cet espace blanc qui à vûe simple paroît uniforme, pût, en vertu de la réfraction feule, former des arcs noirs & blancs.

Il paroît auffi que les réfractions inégales des rayons hétérogènes ne font pas caufées par des veines difperfées dans le verre, par un poli inégal, par une pofition fortuïte des pores du verre, par des mouvements inégaux de l'air ou de l'éther, par l'éparpillement, la rupture, ou la divifion d'un même rayon en plufieurs, ou par d'autres caufes accidentelles. Car de telles irrégularités une fois admifes, il feroit impoffible que les réfractions puffent rendre ces anneaux auffi diftincts & auffi bien termi-nés qu'ils le font dans la XXIV OBSERVA-TION. Il faut donc néceffairement que chaque rayon ait fon degré de réfrangibilité propre & conftant, en vertu duquel fa réfraction fe fait toujours d'une manière exacte & ré-gulière.

Au refte, ce que je dis de la réfrangibilité des rayons peut être appliqué à leur réflexibi-lité, c'eft à dire, à la difpofition qu'ils ont à être réfléchis les uns à une plus grande épaif-feur des lamelles ou des bulles, les autres à une plus petite épaiffeur : difpofitions également effencielles, comme on peut s'en affûrer par

les OBSERVATIONS XIII, XIV, & XV, com-
parées avec la IV & la XVIII.

Il paroît aussi par les Observations précédentes, que la blancheur est un mélange de
toutes les couleurs, & que la lumière est un
mélange de rayons doués de toutes ces couleurs.
Car de la multitude d'anneaux colorés visibles
dans les OBSERVATIONS III, XII, & XXIV,
il suit évidemment que, bien qu'on n'en dé-
couvre que huit ou neuf dans les OBSERVA-
TIONS IV & XVIII, il y en a un grand nombre qui s'entremêlent si fort, qu'après huit ou
neuf révolutions ils composent une blancheur
uniforme.

Il paroît d'ailleurs par la XXIV OBSER-
VATION, qu'il y a un rapport constant entre les
couleurs & la réfrangibilité des rayons hétérogènes. En comparant les OBSERVATIONS XIII,
XIV, & XV, avec la IV & la XVIII, il paroît encore qu'il y a un rapport constant entre
les couleurs & la réflexibilité des rayons hétérogènes : le violet étant, à incidence égale,
réfléchi aux plus petites épaisseurs d'une mince
plaque ou d'une bulle quelconque ; le rouge,
aux plus grandes épaisseurs ; & les couleurs in-

termédiaires, aux épaiffeurs intermédiaires. D'où il fuit que les difpofitions colorifiques font auffi inaltérables que naturelles aux rayons. Par conféquent toutes les couleurs poffibles provien-nent, non de quelque changement phyfique ; mais des différents mélanges ou des différentes féparations des rayons, fuite de leur réfrangi-bilité & de leur réflexibilité différentes. A cet égard la partie de l'Optique, qui a les cou-leurs pour objet, eft auffi rigoureufement ma-thématique qu'aucune autre partie. Ce qui doit s'entendre des couleurs qui dépendent de la nature de la lumière, non de celles qui tien-nent à l'imagination ou à la compreffion de l'organe de la vûe.

Pl. XX.

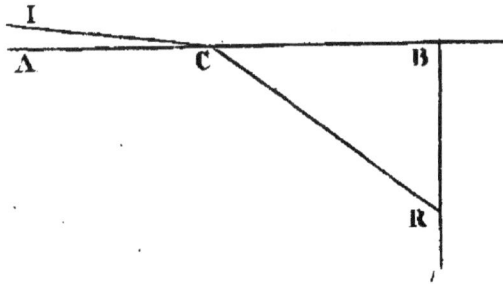

Fig. 53.

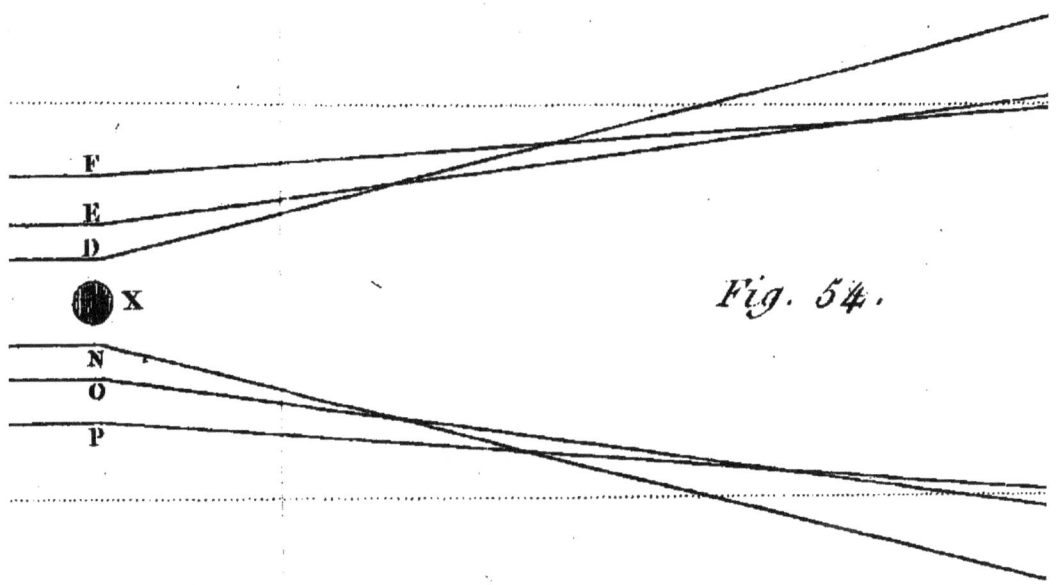

Fig. 54.

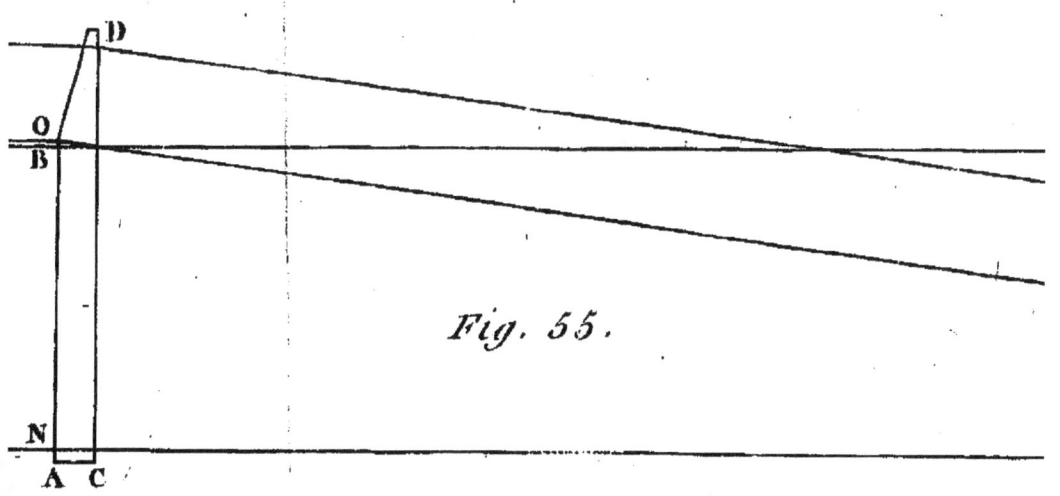

Fig. 55.

LIVRE SECOND.

TROISIÈME PARTIE.

DES couleurs permanentes des corps, & de l'analogie de ces couleurs à celles des plaques minces tranſparentes.

Il s'agit d'examiner ici quel rapport il y a entre les phénomènes des plaques minces tranſparentes & les phénomènes de tous les autres corps. J'ai déja dit que les corps paroiſſent de différentes couleurs, parce qu'ils réfléchiſſent en plus grand nombre les rayons eſſencielle-ment doués de ces couleurs : mais ce qui les rend propres à réfléchir certains rayons en plus grand nombre, reſte à découvrir ; & c'eſt ce que je vas tâcher de faire.

PREMIÈRE PROPOSITION.

Les surfaces des corps transparents qui réfléchissent le plus de lumière, sont celles qui ont la plus grande force réfringente ; & il ne se fait aucune réflexion aux confins des milieux également réfringents.

Il sera aisé de découvrir l'analogie de la réflexion à la réfraction, en considérant que les rayons, à leur passage d'un milieu moins réfringent dans un milieu plus réfringent, se réfractent en s'éloignant de la perpendiculaire ; & que, pour être totalement réfléchis, il leur faut une obliquité d'incidence d'autant moindre, que la différence des forces réfringentes des milieux est plus considérable. Car l'angle d'incidence où commence la réflexion totale est au rayon d'un cercle, comme les sinus qui mesurent la réfraction sont entre eux : cet angle doit donc être d'autant plus petit, que la différence des sinus est plus grande. Ainsi, la lumière passant de l'eau dans l'air, où le rapport des sinus est celui de 3 à 4 ; la réflexion

totale commence lorfque l'angle d'incidence
eft environ de 48°, 35′. Mais la lumière paffant du verre dans l'air, où le rapport des finus
eft celui de 20 à 31 ; la réflexion totale
commence lorfque l'angle d'incidence eft de
40°, 10′. D'où il fuit qu'en paffant du criftal
ou de quelque autre milieu plus réfringent dans
l'air, il faudroit encore une moindre obliquité
pour produire une réflexion totale. A incidences
égales, les furfaces qui caufent les plus fortes
réfractions réfléchiffent donc plus tôt toute la
lumière qui vient à tomber fur elles : preuve
certaine que ces furfaces ont la plus grande
force réfléchiffante.

Ce qui prouve mieux encore la vérité de
cette propofition, c'eft que la furface qui fé-
pare deux milieux tranfparents, tels que l'air,
l'eau, le verre, le criftal d'Iflande, les diamants, &c, produit une réflexion plus ou moins
confidérable, fuivant qu'elle eft plus ou moins
réfringente. Car aux confins de l'air & du fel
gemme la réflexion eft plus forte, qu'aux confins de l'air & de l'eau : elle eft plus forte
auffi aux confins de l'air & du verre commun,
qu'aux confins de l'air & du fel gemme ; &

plus forte encore aux confins de l'air & du diamant, qu'aux confins de l'air & du verre commun. Si on plonge dans l'eau quelque corps diaphane, la réflexion deviendra beaucoup plus foible; & plus foible encore, si on le plonge dans l'huile de vitriol ou dans l'esprit de térébentine, liqueurs plus réfringentes que l'eau. Mais si on divise une masse d'eau en deux parties par quelque surface imaginaire, la réflexion sera nulle à leurs confins. Fort petite aux confins de l'eau & de la glace, elle est un peu plus grande aux confins de l'eau & de l'huile, plus grande encore aux confins de l'eau & du sel gemme, beaucoup plus grande aux confins de l'eau & du verre, & toujours d'autant plus grande que ces milieux diffèrent davantage en force réfringente. De même, la réflexion doit être foible aux confins du verre commun & du cristal, moins foible aux confins du verre commun & du verre métallique; tandis qu'aux confins de deux verres d'égale densité il n'y a point de réflexion sensible, comme je l'ai fait voir dans la I OBSERVATION (43). Il ne doit

_____

(43) Part. I, du Liv. II.

pas y en avoir non plus à la furface qui fé-
pare deux liqueurs, deux criftaux, &c, aux
confins defquels il ne fe fait aucune réfraction. Il eft donc évident que, fi des milieux
homogènes, tels que l'eau, le verre, le criftal, &c,
n'offrent de réflexion fenfible qu'à leur furface externe, contiguë à d'autres milieux de
denfité différente; c'eft que leurs parties conftituantes n'ont qu'un feul & même degré de
denfité.

SECONDE PROPOSITION.

Les plus petites molécules de la plupart des
corps font en quelque forte diaphanes, & l'opa-
cité des corps vient des réflexions multipliées
qui fe font dans leur tiffu.

C'eft ce que d'autres ont déja obfervé, &
ce qu'admettront facilement ceux qui ont fait
quelque ufage du microfcope. Au refte, on
peut conftater la première obfervation, en pla-
çant un corps quelconque devant le trou qui
donne paffage à un faifceau de rayons folaires
introduits dans une chambre obfcure. Quelque

opaque que ce corps paroiffe d'ailleurs, placé de la forte il deviendra tranfparent, pourvu néanmoins qu'il ne foit pas trop épais. Les feules exceptions à cette loi regardent les corps blancs métalliques, qui, à raifon de leur exceffive denfité, femblent réfléchir prefque toute la lumière incidente ; à moins que, diffous dans des menftrues convenables, ils ne foient réduits en très-petites parcelles : alors ils deviennent eux-mêmes tranfparents.

TROISIÈME PROPOSITION.

Entre les parties des corps opaques colorés, il y a des efpaces vides ou remplis de quelque fluïde d'une denfité différente. Entre les corpuf-cules colorants d'une liqueur, il y a de l'eau ; entre les globules aqueux des nuages, il y a de l'air ; & entre les particules des corps folides, il y a des efpaces vides d'air & d'eau, mais non abfolument vides de toute matière.

Cette Propofition fe démontre par les deux précédentes.

Il fuit de la II. que les parties intérieures

des corps produifent une multitude de réfléxions; & de la I. que ces réflexions ne fe feroient pas, fi ces parties n'avoient entre elles des interftices, puifqu'elles fe font aux furfaces feules qui féparent des milieux de différentes denfités.

Ce qui prouve encore que la difcontinuïté des parties eft la principale caufe de l'opacité, c'eft que les corps opaques deviennent tranfparents, dès que leurs pores font remplis de quelque matière dont la denfité eft égale ou à peu près à celles de leurs parties conftituantes. Ainfi, le papier huilé ou mouillé, la pierre nommée *oculus mundi* (44) plongée dans l'eau, le linge verni, & divers autres corps imprégnés de quelque liquide, deviennent plus tranfparents de cette manière que de toute autre. Au contraire, en vidant les interftices de ces corps, ils deviennent opaques jufqu'à certain point; comme les fels & le papier mouillé font par la defficcation; comme la corne ratiffée & le verre pulvérifé font par la divifion de leurs parties; comme fait la térébentine im-

(44). Efpèce de calcédoine. *Note du Traducteur.*

E 4

parfaitement délayée dans l'eau ; & comme fait l'eau elle-même, réduite en vapeurs ou battue avec de l'huile. Enfin ce qui contribue à augmenter l'opacité de ces corps, c'est que les réflexions qu'ils occasionnent sont beaucoup plus fortes lorsqu'ils sont très-minces, que lorsqu'ils sont épais, conformément à la XXIII OBSERVATION.

QUATRIÈME PROPOSITION.

Pour que les corps paroissent opaques & colorés , il faut que leurs particules & leurs interstices ayent un certain volume.

On sait que les corps les plus opaques divisés en très-petites parcelles, comme les métaux dissous par les acides, deviennent parfaitement diaphanes. Et on n'a pas oublié que les deux surfaces des objectifs de la VIII OBSERVATION, rapprochées l'une de l'autre sans pourtant se toucher, ne produisent aucune réflexion sensible. On n'a pas oublié non plus que la réflexion de la bulle d'eau de la XVII OBSERVATION étoit presque insensible dans sa partie la plus mince, où paroiſſoient des taches très-noires, qui ne pouvoient venir que d'un défaut de lumière réfléchie. Telles me ſemblent être les cauſes de la tranſparence de l'eau, du ſel, du verre, des pierres précieuſes, &c : car pluſieurs raiſons prouvent que ces corps ne ſont pas auſſi poreux que les autres ; mais leurs parties ſont trop déliées, & leurs pores trop petits, pour produire quelque réflexion à leurs ſurfaces communes.

CINQUIÈME PROPOSITION.

A meſure que les parties tranſparentes des corps varient en groſſeur, elles réfléchiſſent les rayons d'une couleur, & tranſmettent les rayons d'une autre couleur ; par la même raiſon que les lamelles & les bulles réfléchiſſent ou tranſmettent ces rayons : or c'eſt là le principe des couleurs conſtantes de tous les corps.

Si une plaque d'égale épaiſſeur & de couleur uniforme étoit diviſée en filets ou fragments de même épaiſſeur, on ne voit pas pourquoi chaque filet ou fragment ne conſerveroit pas fa couleur, ni pourquoi un amas de ces filets ne composeroit pas une masse de même couleur que la plaque entière. Puis donc que les parties des corps peuvent être considérées comme les fragments d'une plaque, elles doivent faire voir les mêmes couleurs que le corps entier.

Qu'il en soit ainsi, c'est ce que prouve l'analogie des propriétés des corps aux propriétés des plaques minces qui font le sujet de la I. PARTIE DE CE LIVRE. Les plumes de certains oiseaux (particulièrement celles de la queue du Paon) paroissent au même endroit de différentes couleurs, suivant les différentes positions de l'œil ; ainsi que les plaques minces des OBSERVATIONS VII & XIX. D'où il suit que ces couleurs proviennent de la ténuité des parties transparentes de ces plumes, c'est à dire, de leurs barbes extrêmement déliées. Par la même raison, les toiles d'araignées, qui font d'une finesse extrême, paroissent colorées ; & les filaments de certaines étoffes de soie changent de couleur, quand l'œil change de position. Pareillement les étoffes de soie ou de laine, plongées dans l'eau, deviennent d'une couleur plus foible & plus sombre :

mais elles reprennent leur premier éclat lorſqu'elles ſèchent ; à peu près comme il arrive
aux corps minces des OBSERVATIONS X & XXI.
Les feuilles d'or, certaines eſpèces de verre
peint, l'infuſion de bois néphrétique &c,
réfléchiſſent une couleur & en tranſmettent
une autre, comme font les corps minces des
OBSERVATIONS IX & XX. Parmi les poudres
colorées dont ſe ſervent les peintres, il s'en
trouve dont la couleur change un peu lorſqu'on les broie extrêmement : or à quoi peut-
on raiſonnablement attribuer ce changement,
ſi ce n'eſt à la plus grande fineſſe des poudres
qui compoſent ces couleurs ? Ainſi, l'épaiſſeur
d'une mince plaque venant à changer ; ſa couleur
change en même temps. C'eſt par cette raiſon
encore que les fleurs froiſſées deviennent pour
l'ordinaire plus tranſparentes, & changent à
certain point de couleur. Ajoutez que le mélange de différents liquides peut produire de
ſinguliers changements de couleur, dont la
raiſon la plus naturelle paroît être que les
molécules ſalines d'un liquide agiſſent ſur les
corpuſcules colorés d'un autre liquide, ou ſe
combinent différemment avec eux ; de ſorte

qu'elles les groffiffent ou les rapetiffent, ce qui peut en altérer la denfité avec le volume. En divifant ces corpufcules, elles peuvent donc faire d'un liquide coloré un liquide acolore tranf- parent; de même qu'en réuniffant plufieurs cor- pufcules en un feul, elles peuvent faire du mé- lange de deux liquides acolores tranfparents un liquide coloré. On fait que les menftrues falins font fort propres à diffoudre certaines fubftances, & on fait auffi que les uns précipitent ce que les autres diffolvent. D'ailleurs, en examinant les divers phénomènes de l'atmofphère, on obferve toujours qu'au moment où les vapeurs com- mencent à s'élever, elles ne détruifent pas la tranfparence de l'air, divifées comme elles le font, en trop petites parties pour que leurs furfaces produifent aucune réflexion. Mais lorfqu'elles commencent à fe réunir en glo- bules, avant de former des gouttes de pluie; ces globules une fois parvenus à certaine groffeur réfléchiffent certaines couleurs, & en tranfmettent d'autres, de forte qu'ils compofent des nuages colorés. Or à quoi raifonnablement attribuer la production de ces couleurs dans une fubftance auffi tranfparente que l'eau, fi

ce n'est à la différente grosseur de ses globules ?

SIXIÈME PROPOSITION.

*Les parties d'où dépend la couleur d'un corps,
sont plus denses que le milieu qui remplit leurs
interstices.*

Cela suit évidemment de ce que cette couleur
tient, non pas aux seuls rayons qui tombent
perpendiculairement sur les parties de ce corps,
mais à ceux qui y tombent sous tous les angles
possibles. On sait, par la VII OBSERVATION,
qu'un fort petit changement d'obliquité suffit
pour réfléchir des rayons d'une différente
couleur, dès que la mince lame transparente
est plus rare que le milieu ambiant : de sorte
qu'à des incidences plus ou moins obliques,
cette lame (ou, si on veut, chaque particule
matérielle) réfléchit une si grande variété de
rayons hétérogènes, que la couleur provenant
de leur mélange approche davantage du blanc
& du gris que d'aucune autre, ou ne forme
tout au plus qu'une teinte imparfaite & in-

décife. Mais (d'après la XIX Observation) si une lame ou une particule eft plus denfe que le milieu ambiant, les couleurs feront si peu altérées par le changement d'obliquité, que les rayons réfléchis moins obliquement ne peuvent prédominer au point de faire qu'un agrégat de ces particules paroiffe fenfiblement de leur couleur.

Enfin ce qui vient encore à l'appui, c'eft que (conformément à la XXII Observation) les couleurs d'un corps mince terminé par un milieu plus rare, font plus éclatantes que les couleurs d'un corps mince terminé par un milieu plus denfe.

SEPTIÈME PROPOSITION.

De la couleur d'un corps peut fe déduire la groffeur de fes parties conftituantes.

D'après la V Proposition, il eft fort probable que les parties de ce corps, & une plaque d'égale épaiffeur & d'égale denfité réfringente, produifent les mêmes couleurs. Comme la plûpart de ces parties femblent avoir à peu près la denfité de l'eau ou du verre, ainfi qu'on peut l'inférer de plufieurs Obfervations; pour déterminer la groffeur de ces parties, il fuffira de confulter les Tables précédentes, qui donnent l'épaiffeur des lames d'eau & de verre, propre à faire paroître telle ou telle couleur. Veut-on connoître l'épaiffeur d'un corpufcule de même denfité que le verre, d'où réfulte le vert du troifième ordre? le nombre $16\frac{1}{4}$ fera voir qu'elle eft de $\frac{16\frac{1}{4}}{100,000}$ de pouce, c'eft à dire, qu'elle en fait la 1538e partie.

Mais la grande difficulté confifte à favoir de quel ordre eft la couleur de tel & tel corps. Pour la déterminer, il faut recourir à la IV & à la XVIII Obfervations; d'où l'on pourra tirer les inductions fuivantes.

Il eft fort probable que les différentes efpèces d'écarlate, de rouge, d'orangé, & de jaune font du fecond ordre, lorfqu'elles font pures & intenfes. Les couleurs des premier & troifième ordres font affez bonnes; feulement le jaune du premier eft foible, tandis que le rouge & l'orangé du troifième font fort chargés de bleu & de violet.

Il peut y avoir de bons verts du quatrième ordre : mais les plus purs font du troisième ; auquel il semble qu'il faille rapporter le vert de toutes les plantes, tant à cause de sa vivacité, qu'à cause de la teinte jaunâtre qu'elles prennent quelquefois en se flétrissant, & de la teinte jaune, orangée, ou rouge qu'elles prennent d'autrefois. Tous ces changements paroissent produits par l'exhalation de l'humidité, qui peut avoir rendu les corpuscules colorés plus denses, en laissant les parties huileuses & terreuses unies sous un moindre volume. Or la couleur des plantes est sans doute du même ordre que celles dans lesquelles elle se change ; parce que ces changements font graduels, & que ces couleurs, quoiqu'ordinairement peu chargées, font pourtant trop intenses & trop vives pour être du quatrième ordre.

Les différentes espèces de bleu & de pourpre peuvent être du second ordre ; mais les meilleures font du troisième, auquel semble appartenir la couleur des violettes : car leur sirop se change en rouge par les acides, & en vert par les alkalis. Et comme il est de la nature des acides d'atténuer & de dissoudre, de celle

des

des alkalis d'épaissir & de précipiter : si la
couleur de ce sirop étoit du second ordre, un
liquide acide, atténuant ses corpuscules, changeroit cette couleur en un rouge du premier
ordre : tandis qu'un alkali, les épaississant,
changeroit cette couleur en un vert du second
ordre : or ce rouge & ce vert paroissent trop
imparfaits pour être produits par de telles
causes. Au reste, si on veut que la couleur
des violettes soit du troisième ordre, on pourra
admettre sans inconvénient qu'il se change en
rouge du second & en vert du troisième.

S'il existoit un pourpre plus intense & moins
rougeâtre que celui des violettes, il est probable qu'il seroit du second ordre. Mais comme
je n'en connois point, j'ai compris sous leur
dénomination les couleurs purpurines les plus
foncées & les moins rougeâtres, c'est à dire,
les plus pures & les plus intenses.

Peut-être le bleu du premier ordre, quoique très-foible & très-léger, se trouve-t-il en
certains corps. L'azur du ciel en particulier
paroît de cet ordre : car c'est la marche constante de la Nature, que les globules de toutes
les vapeurs, lorsqu'elles commencent à se con-

denfer, acquièrent une groffeur propre à réfléchir le bleu célefte, avant de pouvoir compofer
des nuages différemment colorés. Et puifque
l'azur eft la première couleur que les vapeurs
réfléchiffent, il doit être celle du ciel le plus
pur & le plus tranfparent, les globules des
vapeurs n'étant pas encore parvenus à la groffeur néceffaire pour réfléchir d'autres couleurs,
comme l'expérience le démontre.

A l'égard du blanc, celui du premier ordre
eft le plus éclatant de tous. Moins éclatant,
il n'eft plus qu'un mélange des couleurs de
différents ordres, tel que le blanc de l'écume,
du papier, du linge, &c. Celui de certains
métaux me paroît de la première efpèce. Mais
puifque l'or, le plus denfe des métaux, devient
tranfparent lorfqu'on le réduit en feuilles, &
que tous les métaux le deviennent auffi lorfqu'on les diffout; il fuit de là que l'opacité
des métaux blancs ne proce le point de leur
feule denfité. Moins denfés que l'or, ils feroient
de même moins tranfparents, fi quelque caufe
ne concouroit avec leur denfité à les rendre
opaques. Cette caufe (fuivant moi) eft la
groffeur de leurs molécules, groffeur propre

à réfléchir le blanc du premier ordre : car s'ils
étoient composés de molécules d'un autre
volume, ils pourroient réfléchir d'autres couleurs;
comme le prouvent celles qu'on voit sur l'acier
rougi au feu, & quelquefois à la superficie
des métaux fondus qui refroidissent.

Le blanc le plus vif du premier ordre que
puissent produire des lames transparentes,
doit être aussi plus vif lorsqu'il est réfléchi par
la matière dense des métaux, que lorsqu'il
est réfléchi par la matière rare de l'air ou du
verre. Rien n'empêche donc que les substances
métalliques, assez épaisses pour réfléchir le
blanc du premier ordre, puissent (à raison de
leur densité) réfléchir toute la lumière qui
tombe sur elles, & devenir de la sorte aussi
opaques & aussi brillantes qu'aucun autre corps.
L'or & le cuivre deviennent blancs, mêlés
avec à peu près la moitié de leur poids d'argent,
d'étain, ou de régule d'antimoine : ils le
deviennent aussi, amalgamés avec un peu de
mercure. Ce qui prouve que les molécules des
métaux blancs ont beaucoup plus de surface,
& sont par conséquent plus petites que celles
de l'or. D'ailleurs elles sont si opaques, que les

molécules de l'or ne fauroient briller au travers.
Au reste, on ne peut guères douter que la
couleur de l'or ne foit du fecond & du troifième ordre. Les parties des métaux blancs ne
fauroient donc être beaucoup plus groffes qu'il
ne faut pour réfléchir le blanc du premier
ordre : ce que prouve la volatilité du mercure.
Elles ne fauroient non plus être beaucoup plus
petites, fans perdre leur opacité & devenir
tranfparentes, comme cela leur arrive lorfqu'elles font diffoutes ; ou noires, comme cela
leur arrive par leur attrition contre un corps. La
première & l'unique couleur que les métaux
blancs contractent par l'attrition de leurs parties,
c'eft le noir : ainfi, leur blanc doit être celui
qui confine à la tache noire au centre des
anneaux colorés, c'eft à dire, le blanc du
premier ordre; Si on vouloit en déduire la
groffeur des molécules métalliques, il faudroit
tenir compte de leur denfité : car le mercure
fût-il tranfparent, fa denfité eft telle que
(d'après mon calcul) le finus d'incidence feroit
au finus de réfraction, comme 71 à 20 ou 7
à 2. Ainfi, pour que fes molécules puiffent
produire les mêmes couleurs que les globules

des bulles d'eau, leur épaisseur doit être moindre que celle des parois de ces bulles dans la proportion de 7 à 2. D'où il suit que les globules du mercure, quoiqu'aussi petits que ceux de certaines liqueurs diaphanes & volatiles, ne laissent pourtant pas de réfléchir le blanc du premier ordre.

Enfin les corpuscules qui produisent le noir, doivent être plus petits qu'aucun de ceux qui produisent d'autres couleurs; autrement, ils réfléchiroient trop de lumière. En supposant ces corpuscules un peu plus petits qu'il ne faut pour réfléchir le blanc & le bleu le plus foible du premier ordre; d'après les OBSERVATIONS IV, VIII, XVII, & XVIII, ils réfléchiront si peu de lumière qu'ils paroitront extrêmement noirs. Néanmoins ils pourront peut-être la rompre, çà & là au dedans de leur tissu, jusqu'à ce qu'elle soit éteinte ou perdue: de la sorte, ils paroîtront noirs sans aucune transparence, quelle que soit la position de l'œil. On voit par là pourquoi le feu & la putréfaction, de tous les dissolvants le plus subtil, noircissent les particules des corps qu'ils dissolvent; pourquoi les corps noirs appliqués sur

d'autres corps ou mélés en petite quantité avec
eux, les obfcurciffent ; pourquoi le verre,
travaillé au grais dans un baffin de fonte,
forme un limon très-noir ; pourquoi les corps
noirs s'échauffent & fe confument, par le feu
du foleil, plus aifément que les autres ; enfin
pourquoi les corps noirs tirent ordinairement
un peu (45) fur le bleu, comme on peut s'en
affûrer en fefant tomber fur un papier blanc
la lumière qu'ils réfléchiffent.

Je fuis entré dans ce long détail, parcequ'il
n'eft pas impoffible qu'un jour les microfcopes
foient perfectionnés, au point de nous faire
voir les particules d'où dépend la couleur des
corps, fi déja ils ne font en quelque forte
parvenus à ce point : car je ferois fort porté
à croire, que ceux qui groffiffent diftinctement
cinq à fix-cents fois les objets vus à la diftance
d'un pied, peuvent rendre vifibles quelques-
unes de ces molécules les plus groffières. Peut-

---

(45) La raifon en eft, que le noir confine au bleu
obfcur du premier ordre, décrit dans la XVIII Observation ; par conféquent il réfléchit plus de rayons
de cette couleur que d'aucune autre.

être un microscope qui grossiroit trois ou quatre-
mille fois les rendroit-il toutes visibles , aux
molécules près qui produisent le noir.

Au reste, je ne vois rien d'essenciel dans
cet article , sur quoi on puisse raisonnablement
élever quelque doute ; si ce n'est que les corpuscules transparents , de même épaisseur &
de même densité que telle ou telle lame ,
doivent produire les mêmes couleurs. Mais il
ne faut pas prendre cette proposition dans un
sens rigoureux ; & cela pour deux raisons :
la première est que ces corpuscules pouvant
avoir des figures irrégulières , plusieurs rayons
peuvent y tomber irrégulièrement & décrire ,
en les traversant , une ligne plus courte que
les diamètres de ces corpuscules : la seconde
est que la pression du milieu resserré entre
ces corpuscules peut en changer un peu les
mouvements , ou les autres propriétés d'où dépend la réflexion. Je ne donnerai pourtant pas
grand poids à cette dernière raison ; ayant
observé que de petites lames de talc de
Moscovie d'égale épaisseur , étant vues au microscope, ont paru à leurs extrémités & à
leurs angles (où se termine ce milieu) de la

F 4

même couleur qu'aux autres parties. Quoi qu'il
en soit, il seroit bien satisfesant d'appercevoir
ces corpuscules au microscope ; & si jamais
on y parvient, ce sera sans doute le plus haut
degré où l'on puisse atteindre : car comment
se flatter de découvrir dans ces corpuscules
ce que leur structure a de plus merveilleux ?
leur transparence seule suffiroit pour s'opposer
au succès.

HUITIÈME PROPOSITION.

*La réflexion de la lumière ne consiste point
dans son rebondissement de dessus les parties
impénétrables des corps, comme on l'a toujours
cru.*

C'est ce dont on peut s'assûrer par les con-
sidérations suivantes.

Il est constant qu'au passage de la lumière
du verre dans l'air, il se fait une réflexion
un peu plus forte qu'à son passage de l'air
dans le verre, & beaucoup plus forte qu'à son
passage du verre dans l'eau. Or comment
supposer que l'air ait plus de parties réfléchis-

santes que l'eau ou le verre ? Mais quand on le supposeroit, on n'en seroit pas plus avancé ; car la réflexion est plus forte dans le vide qu'en plein air.

Il est constant aussi que, lorsque la lumière passe obliquement du verre dans l'air sous un angle plus grand que 40° ou 41°, elle est totalement réfléchie ; & lorsqu'elle y tombe sous un plus petit angle, elle est presque toute transmise. Dira-t-on qu'à certain degré d'obliquité, la lumière rencontre dans l'air assez de pores pour passer presque toute à travers ; tandis qu'à un autre degré d'obliquité, elle n'y rencontre que des parties impénétrables qui la réfléchissent totalement ? Cela paroîtra moins concevable encore, si l'on fait attention que, quelque obliquement que la lumière passe de l'air dans le verre, il s'y trouve assez de pores pour la laisser passer en grande partie.

Si l'on prétendoit que la lumière est réfléchie, non par l'air, mais par les parties de la surface extérieure du verre ; la difficulté n'en subsisteroit pas moins. Mettant à part ce qu'une pareille hypothèse a d'insoutenable, on la

trouvera fauſſe, ſi on met une partie de la
ſurface réfléchiſſante en contact avec de l'eau ;
car alors ſous une obliquité de 45° ou 46°,
les rayons ſeront tranſmis en grande partie à
l'endroit où l'eau touche immédiatement le
verre, & ils ſeront tous réfléchis à l'endroit
où l'air le touche immédiatement. Ce qui
prouve que leur réflexion ou leur tranſmiſſion
dépend de l'air & de l'eau en contact avec
le verre, non de ce que les rayons tombent
ſur les parties impénétrables ou ſur les pores
du verre.

Il eſt conſtant encore qu'après avoir introduit
un faiſceau ſolaire dans une chambre obſcure,
s'il eſt rompu par un priſme placé à certaine
diſtance du trou qui ſert à lui donner paſſage,
& ſi les rayons hétérogènes ſont enſuite ſucceſſivement projetés ſous le même angle ſur
un autre priſme placé à quelque diſtance ; ce
ſecond priſme peut être incliné aux rayons
incidents de manière à réfléchir tous les bleus, &
à tranſmettre les rouges en aſſez grand nombre.
Si la réfraction étoit cauſée par les parties de
l'air ou du verre ſur leſquelles les rayons
viennent à tomber ; pourquoi, à incidences

égales, les bleus ne tomberoient-ils que fur des parties impénétrables, tandis que les rouges trouveroient affez de pores pour être tranfmis en grande partie ?

Il eft de même conftant qu'à l'endroit où deux verres fe touchent, il ne fe fait aucune réflexion fenfible ; comme il paroît par la I OBSERVATION de ce LIVRE. Pourquoi donc les rayons ne tomberoient-ils pas également fur des parties impénétrables lorfque le verre eft contigu à un autre verre, comme ils font fuppofés y tomber lorfqu'il eft contigu à l'air ?

Il n'eft pas moins conftant que le haut de la bulle de favon de l'OBSERVATION XVII, devenu fort mince par l'écoulement & l'éva-poration de l'eau, réfléchiffoit fi peu de lumière que cette partie paroiffoit extrêmement obfcure; quoique, tout autour de la tache noire où l'eau étoit plus épaiffe, la réflexion fût affez forte pour faire paroître la bulle très-blanche. Ce n'eft pas feulement à la partie la plus mince des lames ou des bulles qu'il ne fe fait aucune réflexion fenfible, mais à plufieurs autres parties dont l'épaiffeur va toujours en augmentant. Car (dans la XV OBSERVATION) les rayons de même couleur étoient, à différentes épaisseurs, alternativement transmis & réfléchis un nombre indéterminé de fois : néanmoins la superficie d'un corps mince a autant de parties sur lesquelles les rayons peuvent tomber à l'endroit où il a certaine épaisseur, qu'à l'endroit où il en a une autre.

Il est d'ailleurs constant que, si la réflexion étoit causée par les parties impénétrables des corps, il seroit impossible que les lamelles ou les bulles réfléchissent au même endroit les rayons d'une couleur, & laissassent passer les rayons d'une autre couleur ; comme il arrive dans les Expériences qui font le sujet des OBSERVATIONS XIII & XV. Car comment les rayons bleus, par exemple, tomberoient-ils fortuitement sur les parties impénétrables des corps, à l'endroit même où les rouges ne rencontreroient que ses interstices? Et comment, dans un autre endroit un peu plus épais ou un peu plus mince, les bleus enfileroient-ils les interstices, tandis que les rouges ne rencontreroient que les parties impénétrables ?

Enfin si la réflexion étoit produite par le rebondissement des rayons incidents sur les parties impénétrables des corps, elle ne se feroit pas d'une manière aussi régulière, pas même à la surface des corps polis : car il n'est pas concevable qu'avec du grais, de la potée, & du tripoli, matières dont on se sert pour travailler les verres, on puisse donner à leurs plus petites parties un assez beau poli pour qu'elles ne fassent toutes qu'une surface parfaitement lisse. Il est clair au contraire que ces matières ne peuvent que sillonner le verre, puis user ses aspérités. Plus elles seront réduites en poudre fine, plus les sillons du verre seront petits : mais quelque fine que soit cette poudre, jamais elle ne parviendra à les effacer totalement. D'où il résulte que, si la lumière étoit réfléchie de dessus les parties solides des corps, elle ne seroit pas moins dispersée par le verre le plus poli que par le plus raboteux.

Reste donc à faire voir comment une surface sillonnée & si mal polie peut réfléchir la lumière aussi régulièrement qu'elle le fait. Mais il n'est guère possible de résoudre ce problème, qu'en supposant la réflexion produite, non par des points particuliers de la surface d'un corps, mais par quelque pouvoir uniformément répandu à

cette surface, en vertu duquel le corps agit
sur les rayons sans les toucher immédiatement.
Que les parties d'un corps agissent à distance
sur la lumière, c'est ce qui paroîtra bientôt. Or
si la lumière n'étoit pas réfléchie par quelque pouvoir différent de l'action des parties solides d'une
surface, il est probable que les rayons incidents
sur ces parties, au lieu d'en être réfléchis, s'étein-
droient tous dans le tissu du corps même;
à moins qu'on n'admette deux espèces de réflexion. Ajoutez que, si tous les rayons incidents sur les parties intérieures de l'eau claire
ou du cristal étoient réfléchis, l'eau & le cristal
auroient une couleur sombre & nébuleuse.

Pour qu'un corps paroisse noir, il faut que
le plus grand nombre des rayons incidents s'éteignent dans son tissu. On trouvera sans doute
invraisemblable que les rayons s'éteignent dans
un corps sans heurter contre ses parties. Mais
cela doit faire penser que les corps sont beaucoup plus poreux qu'on ne l'imagine. L'eau est
19 fois plus légère que l'or, conséquemment
19 fois moins dense. Et l'or lui-même a si peu
de densité, qu'il admet sans peine du mercure
dans ses pores, & qu'il laisse passer sans obs-

tacle à travers sa substance les écoulements magnétiques, l'eau même. On sait qu'une boule
d'or creuse, remplie d'eau & parfaitement sou-
dée, ayant été comprimée avec force sous une
presse, l'eau s'ouvrit passage à travers les parois
& couvrit la boule d'une espèce de rosée, sans
qu'on pût y appercevoir la moindre solution
de continuité. L'or a donc plus de pores que
de parties solides : & dans l'eau le rapport des
premiers aux derniers est plus grand que celui
de 40 à 1. Ainsi, l'hypothèse qui conciliera cette
porosité de l'eau avec son incompressibilité parfaite, peut seule donner une idée du peu de
densité du verre & de l'eau, & faire sentir que
les corps transparents o nt assez de pores libres
pour transmettre la lumière sans obstacle.

Il est de fait que l'aimant agit sur le fer à
travers les corps les plus denses, sans perdre
de sa vertu, à moins qu'ils ne soient incan-
descents ou magnétiques. La force attractive du
soleil se transmet sans diminution à travers les
masses énormes des planètes; de sorte qu'elle
agit sur leurs centres mêmes, avec autant
d'énergie & suivant les mêmes lois que s'ils
étoient à nud. A l'égard des rayons de lumière,

que leurs globules se meuvent en vertu d'une impulsion ou d'une pression propagée, toujours se meuvent-ils en lignes droites : or toutes les fois qu'un rayon est détourné de sa direction par quelque obstacle que ce soit, jamais il ne reprend sa première route, si ce n'est par quelque cause aussi fortuïte qu'extraordinaire. Cependant la lumière est transmise en ligne droite, & à de fort grandes distances, au travers des corps solides transparents. Il est difficile sans doute, mais non absolument impossible, de concevoir comment les corps peuvent avoir assez de pores pour permettre cette transmission : car les couleurs des corps viennent de ce que l'épaisseur de leurs particules est propre à réfléchir tels ou tels rayons, ainsi que je l'ai fait voir. Or si l'on conçoit ces particules disposées de manière que leurs interstices occupent autant d'espace qu'elles-mêmes ; si on conçoit encore ces particules composées de molécules qui ayent entre elles des interstices d'étendue égale à la leur ; enfin si on conçoit ces molécules composées d'autres molécules plus petites, dont le volume soit égal à celui de leurs interstices ; & toujours de la sorte jusqu'à ce qu'on parvienne à des molécules

cules fans pores, c'eft à dire, aux molécules élémentaires : on fentira qu'un corps qui feroit formé de trois pareilles fuites de particules, auroit 7 fois plus de pores que de parties folides ; formé de quatre fuites , il auroit 1 5 fois plus de pores que de parties folides ; formé de cinq fuites, il auroit 3 1 fois plus de pores que de parties folides ; formé de fix fuites, il auroit 63 fois plus de pores que de parties folides. Ainfi du refte.

L'extrême porofité des corps peut fe déduire d'autres obfervations. Mais quelle eft leur conf-titution intérieure ? C'eft ce que nous ne fa-vons point encore.

NEUVIÈME PROPOSITION.

Les corps réfléchiffent & réfractent la lumière par une feule & même force, diverfement mife en action dans diverfes circonftances.

Trois raifons concourent à démontrer cette vérité.

La première eft que la lumière, paffant du verre dans l'air, fous la plus grande obliquité poffible, eft totalement réfléchie, pour peu que l'obliquité augmente : car alors la force réfringente du verre, devenue trop énergique pour laiffer paffer les rayons, les réfléchit totalement.

La feconde raifon eft que la lumière fe trouve, alternativement & à plufieurs reprifes, réfléchie & tranfmife par de minces lames de verre, fuivant que leur épaiffeur augmente en progreffion arithmétique : car c'eft l'épaiffeur qui détermine l'action du verre fur la lumière à la faire réfléchir ou à la tranfmettre.

La troifième raifon eft que les furfaces douées de la plus grande force réfringente, le font auffi de la plus grande force réfléchiffante, comme je l'ai prouvé à l'article de la I PROPOSITION.

DIXIÈME PROPOSITION.

Si le mouvement de la lumière eft plus rapide dans les corps que dans le vide, proportionnellement aux finus qui mefurent la réfraction ; les forces réfléchiffante & réfringente font à peu près proportionnelles à la denfité des corps, à l'exception des sulfureux dont la force réfringente est en plus grande raison.

Soient AB la surface plane réfringente d'un corps ; JC un rayon qui tombe fort obliquement sur ce corps en C, de sorte que l'angle ACJ ait fort peu d'ouverture ; CR le rayon réfracté ; & BR une perpendiculaire à la surface réfringente, menée d'un point donné B, & rencontrant en R le rayon rompu. Cela posé : si CR représente le mouvement du rayon rompu, & si ce mouvement est distingué en deux mouvements, dont CB soit parallèle & BR perpendiculaire à la surface réfringente ; CB représentera le mouvement du rayon incident, & CR le mouvement engendré par la réfraction, comme l'enseignent ceux qui ont écrit les derniers sur l'Optique. Or si un corps traversant un espace donné & terminé par deux plans parallèles, est poussé par des forces qui tendent directement vers le dernier, & n'a avant son incidence qu'extrêmement peu ou point de tendance vers le premier ; & si dans tout cet espace les forces entre les deux plans sont égales à égales distances de ces plans, mais

Fig. 53.

proportionnellement plus grandes ou plus petites à distances inégales : le mouvement engendré par ces forces tandis que le corps traverse cet espace, sera en raison sous-doublée des forces, comme on le démontre mathématiquement. Ainsi, cet espace étant pris pour la sphère d'activité de la force réfringente ; le mouvement du rayon, engendré par cette force durant son passage à travers cet espace, c'est à dire, le mouvement BR, doit être en raison sous-doublée de la force réfringente. D'où il suit que le quarré de la ligne BR, ou, ce qui revient au même, la force réfringente est à peu près proportionnelle à la densité du corps. Cela se voit dans la Table suivante, où se trouvent, en différentes colonnes le rapport des sinus qui mesurent les (46) réfractions produites par différents corps ; le quarré de la ligne BR, CB étant pris pour 1 ; les densités des corps déterminées par leurs pesanteurs spécifiques ; & leur pouvoir réfringent proportionnel à leurs densités.

_____

(46) Dans cette Table la force réfringente de l'air est déterminée par celle de l'atmosphère, que les astronomes ont reconnue.

TABLE.

Corps réfringents.	Rapport des sinus d'incidence & de réfraction de la lumière jaune.		Quarré de B R proportionnel à la force réfringente des corps.	Densité & pesanteur spécifique des corps.	Pouvoir réfringent relatif à la densité des corps.
Fausse topaze.........	23 à	14	1'699	4'27	3979
Air................	3201 à	3200	0'000625	0'0012	5208
Verre. d'antimoine.....	17 à	9	2'568	5'28	4864
Sélénite...........	61 à	41	1'213	2'252	5386
Verre commun.......	31 à	20	1'4025	2'58	5436
Cristal de roche.......	25 à	16	1'445	2'65	5450
Cristal d'Islande.......	5 à	3	1'778	2'72	6536
Sel gemme..........	17 à	11	1'388	2'143	6477
Alun..............	35 à	24	1'1267	1'714	6570
Borax.............	22 à	15	1'1511	1'714	6716
Nitre.............	32 à	21	1'345	1'9	7079
Vitriol de Dantzik.....	303 à	200	1'295	1'715	7551
Huile de vitriol.......	10 à	7	1'041	1'7	6124
Eau de pluie.........	529 à	396	0'7845	1'	7845
Gomme arabique......	31 à	21	1'179	1'375	8574
Esprit de vin rectifié...	100 à	73	0'8765	0'866	10121
Camphre	3 à	2	1'25	0'996	12551
Huile d'olive........	22 à	15	1'1511	0'913	12607
Huile de lin.........	40 à	27	1'1948	0'932	12819
Esprit de térébenthine..	25 à	17	1'1626	0'874	13222
Ambre.............	14 à	9	1'42	1'04	13654
Damant...........	100 à	41	4'949	3'4	14556

Si la lumière traverſe pluſieurs milieux réfringents, progreſſivement plus denſes les uns
que les autres & terminés par des ſurfaces
parallèles, la ſomme de ſes réfractions particulières ſera égale à la ſimple réfraction qu'elle
auroit ſoufferte à ſon paſſage immédiat du premier milieu dans le dernier. Ce qui ne ſeroit
pas moins vrai, quoique le nombre des milieux réfringents fût infini, & que leurs diſtances réciproques fuſſent infiniment petites;
c'eſt à dire, quoique la lumière, réfractée à
chaque point de ſon trajet, décrivît une courbe.
Donc la réfraction totale d'un rayon de lumière,
en traverſant l'atmoſphère depuis la partie la
plus rare juſqu'à la partie la plus denſe, eſt
égale à ſa réfraction en paſſant, immédiatement
& ſous la même obliquité, du vide dans un
air auſſi denſe que celui des couches inférieures
de l'atmoſphère. Or quoique la fauſſe topaze,
la ſélénite, le criſtal de roche, le criſtal d'Iſlande, le verre commun, & le verre d'antimoine, diffèrent extrèmement en denſité; il
paroît par cette Table que leurs forces réfringentes ſont entre elles preſque en même proportion que leurs denſités; au criſtal d'Iſlande

près, qui eſt un corps d'une eſpèce particulière, & dont la réfraction eſt un peu plus grande que celle des autres matières. L'air même, quoique 3500 fois plus rare que la fauſſe topaze, 4400 fois plus rare que le verre d'antimoine, 2000 fois plus rare que le verre commun ou le criſtal de roche, a de même un pouvoir réfringent proportionnel à ſa denſité.

D'ailleurs, ſi on compare la réfraction des diamants, du camphre, de l'huile d'olive, de l'huile de lin, de l'eſprit de térébenthine, & de l'ambre, corps gras & ſulfureux, à l'exception des diamants ; on trouvera que leurs forces réfringentes ſont à peu près en même proportion entre elles que leurs denſités, quoique la raiſon de ces rapports ſoit trois ou quatre fois plus grande dans ces matières, que dans celles qui font l'objet du paragraphe précédent.

L'eau a une force réfringente qui tient le milieu entre ces différentes matières, probablement parce qu'elle eſt d'une nature intermédiaire : car c'eſt de l'eau que proviennent les végétaux & les animaux, qui ſont compoſés, comme on ſait, de parties ſulfureuſes, graſſes, & inflammables, auſſi bien que de parties terreuſes & alkalines.

Les différents sels ont des forces réfringentes qui tiennent le milieu entre celle de l'eau & celle des matières terreuses dont ils sont composés ; comme leur résolution le prouve.

L'esprit de vin a une force réfringente qui tient le milieu entre celle de l'eau & celle des matières huileuses : par cela même il paroît être composé de ces matières combinées par la fermentation , l'eau dissolvant & volatilisant l'huile au moyen de quelques esprits salins dont elle est imprégnée ; car ce sont les parties huileuses de l'esprit de vin qui le rendent inflammable. Distillé plusieurs fois sur le sel de tartre, il devient à chaque distillation plus aqueux. D'ailleurs les chimistes observent que certaines plantes, telles que la lavande , la rue , la marjolaine , distillées séparément, donnent de l'huile avant la fermentation, sans addition d'aucun esprit ardent ; mais après la fermentation elles donnent des esprits ardents sans huile : ce qui prouve que leur huile est changée en esprit ardent par la fermentation. Les chimistes observent encore que l'huile , versée en petite quantité sur les plantes qui fermentent, s'en retire après la fermentation sous la forme d'esprit ardent.

. Ainſi, tous les corps ont une force réfringente à peu près proportionnelle à leur denſité, à l'exception des ſubſtances inflammables,
dont la force réfringente eſt proportionnellement plus grande. D'où il paroît que cette force
tient principalement aux parties ſulfureuſes,
dont les mixtes abondent plus ou moins.

On ſait que la lumiere réunie par un miroir ardent n'agit ſur aucun corps avec autant
de force que ſur les matières ſulfureuſes, qu'elle
convertit en feu & en flamme : & puiſque
toute action eſt réciproque, les matières ſulfureuſes ne doivent agir ſur aucun corps avec
autant de force que ſur la lumière. Que l'action entre la lumière & les corps ſoit réciproque, c'eſt ce qu'on reconnoitra, en conſidé-
rant que les corps qui réfractent & réfléchiſſent la lumière le plus fortement, c'eſt à dire,
les plus denſes, s'échauffent auſſi le plus quand
on les expoſe à la lumière réunie par réfraction ou par réflexion.

Juſqu'ici j'ai traité du pouvoir qu'ont les
corps de réfléchir & de réfracter la lumière, &
j'ai fait voir que les minces plaques tranſpa-

rentes, les lamelles & les particules des corps,
réfléchissent différentes espèces de rayons, suivant qu'elles ont plus ou moins d'épaisseur &
de densité : mais je n'en ai point encore donné
la raison. Pour préparer le lecteur à la saisir,
je terminerai cette PARTIE du II LIVRE
par de nouvelles Propositions. Celles qui précèdent sont relatives à la nature des corps ; celles
qui suivent sont relatives à la nature de la
lumière : car il faut connoître ces choses avant
de pouvoir comprendre leur action réciproque.
Et comme la dernière Proposition porte sur la
vélocité de la lumière, je commencerai par une
Proposition qui a trait au même objet.

ONZIÈME PROPOSITION.

*La lumière est certain temps à se propager :
du Soleil à la Terre elle emploie environ sept ou
huit minutes.*

Roëmer fit le premier cette observation ;
d'autres l'ont faite après lui, & toujours par le
moyen des éclipses des satellites de Jupiter.
Lorsque la Terre est entre le Soleil & Jupiter,

ces éclipses arrivent environ sept ou huit minutes plus tôt qu'elles ne devroient arriver suivant le calcul des Tables; & lorsque la Terre
est au delà du Soleil, ces éclipses arrivent environ sept ou huit minutes plus tard qu'elles
ne devroient arriver. La raison en est simple :
dans le dernier cas, le trajet de la lumière des
satellites est plus long que dans le premier cas
de toute l'étendue du diamètre de l'orbe de
la Terre. Ce n'est pas qu'il ne puisse y avoir
quelques inégalités de temps, causées par les
excentricités des orbes des satellites : il est
clair, par exemple, qu'elles ne sauroient s'accorder à l'égard de tous les satellites, ni en
tout temps avec la position & la distance relatives de la Terre au Soleil. Les mouvements
moyens des satellites sont aussi plus rapides
lorsque leur planète descend de son aphélie à
son périhélie, que lorsqu'elle avance dans l'autre moitié de son orbe. Mais ces inégalités,
qui n'ont aucun rapport à la position de la Terre,
sont insensibles à l'égard des trois satellites extérieurs, comme je le trouve par un calcul fondé
sur la théorie de leur gravité.

DOUZIÈME PROPOSITION.

*Tout rayon de lumière, traverfant une fur-
face réfringente quelconque, aquiert certaine difpofition tranfitoire qui revient à intervalles égaux :
à chaque retour, le rayon paffe au travers de la
furface réfringente qui fuit immédiatement, & à
chaque intermiffion il eft réfléchi par cette furface.*

Cela fuit évidemment des OBSERVA-
TIONS V, IX, XII, & XV, décrites dans
la I PARTIE de ce LIVRE, où l'on voit que
la même efpèce de rayons, venant à tomber
à angles égaux fur une mince plaque tranfparente quelconque, eft réfléchie & tranfmife alternativement & à plufieurs reprifes, fuivant
que l'épaiffeur de la plaque augmente dans la
progreffion arithmétique des nombres 0, 1, 2,
3, 4, 5, 6, 7, 8, &c. Donc fi la première
réflexion (47) fe fait à l'épaiffeur 1, la première tranfmiffion fe fera à l'épaiffeur 0. Ainfi,
les rayons tranfmis aux épaiffeurs 0, 2, 4, 6,

(47) Celle qui produit l'anneau le plus proche de la
tache obfcure centrale.

8, 10, 12, &c, formeront la tache centrale, &
les anneaux transparents qui paroissent au moyen
de cette transmission ; tandis que les rayons réfléchis aux épaisseurs 1, 3, 5, 7, 9, 11, &c,
formeront les anneaux qui se voient au moyen
de cette réflexion. Cette réflexion & cette transmission alternatives se répètent plus de cent fois,
à en juger par la XXIV Observation : car elles
ont lieu de l'une à l'autre des surfaces d'une
plaque de verre , quoiqu'épaisse de 3 ou 4
lignes ; de sorte qu'elles semblent propagées de
chaque surface réfringente à toutes sortes de
distances & à l'infini.

Cette vicissitude de réflexion & de réfraction
dépend des deux surfaces de chaque plaque
mince, puisqu'elle dépend de leur distance. Il
paroît par la XXI Observation, qu'en
mouillant l'une ou l'autre des surfaces d'une
plaque de talc de Moscovie, les couleurs produites par la réflexion & la réfraction alternatives s'affoiblissent aussi tôt : cette réflexion &
cette réfraction dépendent donc des deux surfaces.

Ainsi, elles se font à la seconde surface ;
car si elles se fesoient à la première avant que

les rayons fuſſent parvenus à la ſeconde, elles ne dépendroient pas de la ſeconde.

Elles dépendent auſſi de quelque action propagée de la première à la ſeconde ſurface : autrement, les rayons étant une fois parvenus à la ſeconde, elles ne dépendroient plus de la première. Et cette action eſt propagée de manière à avoir conſtamment ſes intermiſſions & ſes retours à intervalles égaux, durant un nombre indéterminé de viciſſitudes. Or le rayon étant diſpoſé à être réfléchi aux diſtances 1, 3, 5, 7, 9, &c ; & à être tranſmis aux diſtances 0, 2, 4, 6, 8, 10, &c ; (48) ſa diſpoſition à être tranſmis aux diſtances 2, 4, 6, 8, 10, &c, doit être conſidérée comme un retour de celle qu'il avoit à la diſtance 0, c'eſt à dire, lorſqu'il paſſoit à travers la première ſurface. Ce que j'avois deſſein de prouver.

Mais en quoi conſiſte cette diſpoſition ? tientelle à un mouvement de vibration dans le rayon

---

(48) Sa tranſmiſſion à la première ſurface ſe fait à la diſtance 0 ; & elle ſe fait aux deux ſurfaces à la fois, lorſque leur diſtance eſt de beaucoup plus petite que 1.

ou dans le milieu ? Je n'entrerai point ici dans l'examen de cette queſtion ; j'obſerverai ſeulement, pour ceux qui n'aiment point à admettre une nouvelle découverte qu'il leur eſt impoſſible d'expliquer par aucune hypothèſe, qu'on peut ſuppoſer pour le préſent que les rayons de lumière, venant à tomber ſur une ſurface quelconque réfringente ou réfléchiſſante, produiſent des vibrations dans le milieu ou dans le corps réfringent ou réfléchiſſant, comme des pierres jetées dans l'eau y excitent des ondulations, ou comme la percuſſion des corps en excite dans l'air. En excitant ces vibrations, les rayons agitent les parties ſolides du corps réfringent ou réfléchiſſant ; de cette ſorte ils échauffent ces corps. Les vibrations ainſi excitées ſe propagent dans le milieu réfringent ou réfléchiſſant, à peu près de la même manière que celles du ſon ſe propagent dans l'air : elles ont donc un mouvement plus rapide que celui des rayons, de ſorte qu'elles les atteignent. Ainſi, lorſqu'un rayon ſe trouve dans cette partie de la vibration qui concourt avec ſon propre mouvement, il paſſe aiſément à travers une ſurface réfringente ; mais lorſqu'il ſe trouve dans la

partie oppofée de la vibration qui fait obftacle à
fon mouvement, il eft aifément réfléchi : chaque
rayon eft donc fucceffivement difpofé à être réfléchi ou tranfmis par chaque vibration qui l'at-
teint. Au refte, je n'examine point ici fi cette
hypothèfe eft vraie ou fauffe : je me contente
d'avoir découvert qu'en vertu de certaine caufe
les rayons de lumière font difpofés à être alternativement réfléchis ou tranfmis à plufieurs reprifes.

Les retours de la difpofition d'un rayon quelconque à être réfléchi, je les appelle *Accès
de facile réflexion;* comme j'appelle *Accès de facile
tranfmiffion*, les retours de fa difpofition à être
tranfmis. Quant à l'efpace qui fe trouve entre
deux retours, je le nommerai *Intervalle des
accès.* (I).

TREIZIÈME PROPOSITION.

*La raifon pour laquelle les furfaces de tous
les corps tranfparents épais réfléchiffent une partie
des rayons incidents & réfractent le refte, eft
qu'au moment de leur incidence, ces rayons fe
trouvent, les uns dans des accès de facile réflexion,*

flexion, les autres dans des accès de facile trans-
miſſion.

C'eſt ce qu'on peut inférer de la XXIV
OBSERVATION, où la lumière réfléchie par de
minces lames d'air & de verre, paroît à œil
nud également blanche ſur toute l'étendue des
lames : tandis qu'au travers d'un priſme elle
paroît former pluſieurs ſucceſſions d'anneaux
obſcurs & lumineux ; ſucceſſions produites par
des accès alternatifs de facile réflexion & de
facile tranſmiſſion, le priſme ſéparant les ondes
dont la lumière blanche eſt compoſée, comme
je l'ai expliqué plus haut.

De là il réſulte que la lumière a ſes accès
de facile réflexion & de facile tranſmiſſion,
avant de tomber ſur les corps tranſparents : &
il eſt à croire qu'elle les a dès qu'elle commence à émaner des corps lumineux, & qu'elle
les retient durant tout ſon trajet ; car ces accès
ſont conſtants, comme on le verra ci-après.

Ici j'ai ſuppoſé que les corps diaphanes ſont
épais. Si leur épaiſſeur étoit de beaucoup moindre, que l'intervalle des accès de facile réflexion & de facile tranſmiſſion auxquels les

rayons font expofés ; ces corps perdroient leur pouvoir réfléchiffant : car fi les rayons, qui à leur entrée fe trouvent dans des accès de facile tranfmiffion, parvenoient à la dernière furface du corps avant que l'impreffion de ces accès fût terminée ; il faudroit néceffairement qu'ils fuffent tranfmis. Voilà pourquoi les bulles d'eau perdent leur pouvoir réfléchiffant, lorfqu'elles deviennent fort minces ; & pourquoi tous les corps opaques deviennent tranfparents, lorfqu'ils font divifés en très-petites parties.

QUATORZIÈME PROPOSITION.

Les furfaces des corps diaphanes réfractent très-fortement les rayons qui fe trouvent dans un accès de facile réfraction, & réfléchiffent très-fortement les rayons qui fe trouvent dans un accès de facile réflexion.

On a vu à la PROPOSITION VIII, que la réflexion ne confifte pas dans le rebondiffement de la lumière de deffus les parties impénétrables des corps ; mais qu'elle eft l'effet d'un pouvoir, en vertu duquel ces parties agifsent à quelque distance sur la lumière. On a vu aussi à la PROPOSITION IX, que les corps réfléchissent & réfractent la lumière par un seul & même pouvoir, différemment mis en action dans différentes circonstances. Enfin on a vu à la PROPOSITION I, que les surfaces qui causent les plus fortes réfractions, causent aussi les plus fortes réflexions. Preuves dont l'ensemble confirme la PROPOSITION ACTUELLE & la PRÉCÉDENTE.

QUINZIÈME PROPOSITION.

Pour toute espèce de rayons, qui passent à angles quelconques d'une surface réfringente quelconque dans un même milieu, les intervalles des accès suivants de facile réflexion & de facile transmission sont, exactement ou à très-peu près, comme le rectangle de la sécante de l'angle de réfraction & de la sécante d'un autre angle, dont le sinus est la première de 106 moyennes proportionnelles arithmétiques entre les sinus d'incidence & de réfraction, à compter du dernier sinus.

Cela eft évident par les OBSERVATIONS VII & XIX.

SEIZIÈME PROPOSITION.

Pour différentes efpèces de rayons qui paffent, à angles égaux, d'une furface réfringente quelconque dans un même milieu, les intervalles des accès fuivants de facile réflexion & de facile transmiffion font, exactement ou à très-peu près, comme les racines cubiques des quarrés des longueurs d'un monocorde qui produiroient ces tons d'une octave fol, la, fa, fol, la, mi, fa, fol, avec tous leurs degrés intermédiaires correfpondants aux couleurs de ces rayons, conformément à l'analogie établie dans la VII EXPÉRIENCE de la II PARTIE du LIVRE I.

Cela eft de même évident par les OBSERVATIONS XIII & XIV.

DIX-SEPTIÈME PROPOSITION.

Si les rayons d'une couleur quelconque traverfent perpendiculairement différents milieu; les in-

tervalles des accès de facile réflexion & de facile tranfmiffion dans un milieu quelconque feront
à ces intervalles dans un autre milieu, comme le
finus d'incidence au finus de réfraction, quand
les rayons paffent du premier dans le dernier
milieu.

Cela eft encore évident par la X OBSER-
VATION.

DIX-HUITIÈME PROPOSITION.

Si les rayons aux confins du jaune & de l'orangé
paffent perpendiculairement d'un milieu quelconque dans l'air; les intervalles de leurs accès de
facile réflexion & de facile tranfmiffion feront
la 89,000 partie d'un pouce.

Cela eft de même évident par la VI OB-
SERVATION.

Il eft aifé de déduire de ces propofitions les
intervalles des accès de facile réflexion & de
facile tranfmiffion de chaque efpèce de rayons
réfractés à angles quelconques, dans quelque
milieu que ce foit : on peut donc connoître de

cette manière, si ces rayons seront réfléchis ou transmis, lorsqu'ils tombent immédiatement après sur tout autre milieu transparent. Comme ce point contribue beaucoup à faire entendre la IV PARTIE de ce LIVRE, il est important de le dèveloper : j'ajoûterai donc ici les deux Propositions suivantes.

DIX-NEUVIÈME PROPOSITION.

Si des rayons de toute espèce, tombant sur la surface polie d'un milieu transparent quelconque, viennent à être réfléchis; leurs accès de facile réflexion reviendront continuellement ; & leurs retours seront dans la progression arithmétique des nombres 2, 4, 6, 8, 10, 12, &c. Mais dans les intervalles de ces accès, les rayons se trouveront dans des accès de facile transmission.

Puisque les accès de facile réflexion & de facile transmission sont de nature à revenir chacun à son tour ; pourquoi ces accès, qui ont continué jusqu'à ce que le rayon soit parvenu au milieu réfléchissant où ils l'ont disposé à se réfléchir , finiroient-ils là ? il n'y en a point de raison. Que si le rayon se trouvoit au point de réflexion dans un accès de facile réflexion ; la progreſſion des diſtances entre ces accès & ce point doit commencer à zéro , & ſe faire ſuivant les nombres 0 , 2 , 4 , 6 , 8. Par conſéquent la progreſſion des diſtances des accès intermédiaires de facile tranſmiſſion , à partir du même point , doit ſe faire ſuivant la progreſſion des nombres impairs 1 , 3 , 5 , 7 , 9 , &c. Ce qui n'arrive pas lorſque les accès ſont partagés depuis les points de réfraction.

VINGTIÈME PROPOSITION.

Les intervalles des accès de facile réflexion & de facile tranſmiſſion, propagés dans un milieu quelconque, ſont égaux aux intervalles de pareils accès qu'auroient les mêmes rayons, s'ils étoient réfractés dans le même milieu à angles égaux à ceux ſous leſquels ils ſont réfléchis.

La lumière, réfléchie par la ſeconde ſurface des plaques minces, ſort enſuite librement par la première, pour former les anneaux colorés qui paroiſſent par réflexion. Ainſi, elle rend les couleurs de ces anneaux plus vives & plus fortes, que celles des anneaux produits par la lumière transmise à l'autre côté des plaques. Les rayons réfléchis se trouvent donc, à leur sortie, dans des accès de facile transmission. Or cela n'arriveroit pas toujours, si les intervalles des accès au dedans de la plaque, après la réflexion, n'étoient pas égaux en longueur & en nombre à leurs intervalles après la réflexion : ce qui confirme les rapports fixés à l'article précédent. Car si les rayons, à leur entrée & à leur sortie de la première surface, se trouvent dans des accès de facile transmission ; & que les intervalles & les nombres de ces accès entre la première & la seconde surface, avant & après la réflexion, soient égaux : les distances où les accès de facile transmission se trouvent à l'égard de l'une ou de l'autre surface, doivent être en même progression après comme avant la réflexion. Donc les distances à la première surface qui a transmis les rayons seront suivant la progression des nombres pairs o, 2, 4, 6, 8, &c; & à la seconde surface, suivant la progression des nombres impairs 1, 3, 5, 7, 9, &c. Au surplus, les Observations qui font le sujet de la IV PARTIE de ce LIVRE rendront ces deux Propositions plus évidentes.

LIVRE SECOND.

QUATRIÈME PARTIE.

OBSERVATIONS concernant les réflexions
& les couleurs des plaques polies, épaisses
& transparentes.

Il n'est point de verre ou de miroir qui,
éclairé par un faisceau de rayons solaires introduits dans une chambre obscure, n'en éparpille
irrégulièrement de tous côtés un certain nombre, au moyen desquels sa surface peut aisément être apperçue de toutes parts ; & cela
indépendamment de ceux qu'il réfracte ou qu'il
réfléchit. Ces rayons irrégulièrement dispersés
produisent certains phénomènes, qui, à la première vûe, me parurent fort étranges. Les voici
tels que je les observai.

I. OBSERVATION. Le faisceau de rayons ayant été introduit dans la chambre obscure par un trou de quatre lignes, fait au volet & au milieu d'un carton blanchi, je le reçus perpendiculairement sur un miroir concave (49) de verre, qui le réfléchit sur le carton placé à son foyer; & je vis paroître quatre ou cinq anneaux colorés concentriques, semblables à des iris. Ils environnoient le trou du carton comme les anneaux vus entre deux objectifs (50) environnoient la tache noire; à cela près que les premiers étoient plus larges, mais plus foibles que les derniers. A mesure qu'ils s'étendoient, ils s'affoiblissoient toujours davantage, de sorte que le cinquième étoit à peine sensible. Cependant lorsque les rayons du soleil avoient beaucoup d'énergie, on découvroit de foibles linéaments d'un sixième & d'un septième anneau.

Si le carton étoit de beaucoup plus ou moins distant du miroir, les anneaux s'affoiblissoient au

_____

(49) Il étoit travaillé des deux côtés sur une sphère de 5 pieds, 11 pouces de rayon; & le côté convexe étoit mis au tain.

(50) Voyez la *IV Observation*, & les suivantes de la *I Partie de ce Livre*.

point de ne plus paroître colorés, & de difparoître même totalement. Et lorfqu'il en étoit à fix pieds, la diftance du miroir au volet devenant plus confidérable, le trait réfléchi s'élargiffoit fi fort qu'un ou deux des anneaux intérieurs étoient obfcurcis : auffi ai-je ordinairement placé le miroir environ à fix pieds du volet, afin que fon foyer pût concourir avec le centre de fa concavité aux anneaux peints fur le carton. Cette pofition du miroir doit être fuppofée dans toutes les Obfervations fuivantes, à moins que je n'en défigne une autre.

II. OBSERVATION. Du centre à la circonférence, les couleurs de ces iris fe fuccédoient dans le même ordre que celles des anneaux de la IX OBSERVATION de la I PARTIE; anneaux produits par la lumière tranfmife au delà des deux objectifs. Car au centre commun de ces iris, on voyoit une tache foible, blanche & ronde, rarement plus large que le trait de lumière réfléchie, qui quelquefois tomboit au milieu de la tache, & quelquefois de côté lorfque le miroir fe trouvoit incliné légèrement.

Cette tache étoit immédiatement circonf-crite par un cercle obscur, circonscrit à son tour par les couleurs de la première iris. Ces couleurs, toutes assez foibles, étoient placées dans cet ordre, à partir du cercle obscur : d'abord on voyoit du violet & de l'indigo en petite quantité; ensuite venoit du bleu pâle en dehors, où il se terminoit à un peu de jaune verdâtre; puis du jaune moins foible; enfin du rouge tirant au dehors sur le pourpre.

Cette première iris se trouvoit immédiatement environnée d'une seconde, dont les couleurs prises du centre à la circonférence étoient rangées dans cet ordre : pourpre, bleu, vert, jaune, rouge clair, & rouge mêlé de pourpre.

Suivoient les couleurs d'une troisième iris, rangées dans cet ordre : vert tirant sur le pourpre, bon vert, & rouge plus vif que celui de la seconde iris.

Les quatrième & cinquième iris paroissoient vertes, bleuâtres au dedans, rouges au dehors : mais ces couleurs étoient si foibles qu'il étoit difficile de les distinguer.

III. OBSERVATION. Ayant mesuré aussi exactement qu'il me fut possible ces anneaux

projetés fur le carton, je trouvai qu'ils étoient
entre eux dans la proportion des anneaux formés par la lumière tranfmife au delà des deux
objectifs. Car les diamètres des quatre premiers
anneaux, mefurés à l'endroit le plus éclatant
de leurs orbites & à fix pieds de diftance du
miroir, étoient 1 pouce $\frac{11}{16}$, 2 pouces $\frac{3}{8}$,
2 pouces $\frac{11}{12}$, 3 pouces $\frac{3}{8}$; dont les quarrés fuivent la progreffion arithmétique des nombres
1, 2, 3, 4, &c. Ainfi, la tache blanche centrale étant prife pour un anneau, & fon centre
(où elle a le plus d'éclat) étant cenfé équivalent à un anneau infiniment petit; les quarrés
des diamètres des anneaux font dans la progreffion des nombres 0, 1, 2, 3, 4, &c.

Je mefurai auffi les diamètres des cercles
obfcurs placés entre ces cercles lumineux; &
je trouvai leurs quarrés dans la progreffion des
nombres $\frac{1}{2}$, 1 $\frac{1}{2}$, 2 $\frac{1}{2}$, 3 $\frac{1}{2}$, &c : les diamètres des quatre premiers (à fix pieds du
miroir) étant 1 pouce $\frac{1}{16}$, 2 pouces $\frac{1}{16}$, 2 pouces $\frac{2}{3}$, 3 pouces $\frac{1}{26}$. Si le carton étoit plus ou
moins éloigné du miroir, les diamètres de ces
cercles augmentoient ou diminuoient proportionnellement.

IV. OBSERVATION. Une pareille analogie entre ces anneaux colorés & ceux qui ont été décrits dans la I PARTIE, me fit soupçonner que plusieurs anticipoient les uns sur les autres, & se confondoient au point de n'être plus visibles. Je les regardai donc à travers un prisme, comme j'avois regardé ceux de la XXIV Observation qui précède; & lorsque le prisme étoit situé de manière à séparer leurs couleurs par la réfraction, ils paroissoient plus distincts qu'à œil nud; je pouvois en compter huit ou neuf, quelquefois douze ou treize: si leur lumière n'eût pas été aussi foible, j'en aurois même distingué un plus grand nombre.

V. OBSERVATION. Ayant placé un prisme près du volet, pour réfracter le faisceau introduit dans la chambre obscure, & faire tomber le spectre sur le miroir, couvert d'un papier noirci & percé d'un trou, au travers duquel une seule espèce de rayons pouvoit être transmise; je remarquai que les anneaux n'avoient plus d'autre couleur que celle des rayons incidents. Si le miroir étoit illuminé par les rouges, les anneaux étoient entièrement rouges

avec des intervalles obſcurs : s'il étoit illuminé par les bleus , les anneaux étoient entièrement bleus, &c.

Lorſqu'ils étoient d'une ſeule couleur, les
quarrés de leurs diamètres, meſurés entre les
parties les plus brillantes de leurs circonféren-
ces, ſuivoient la progreſſion arithmétique des
nombres 0, 1, 2, 3, 4; tandis que les quarrés des diamètres de leurs intervalles obſcurs
étoient dans la progreſſion des nombres inter-
médiaires $\frac{1}{2}$, 1 $\frac{1}{2}$, 2 $\frac{1}{2}$, 3 $\frac{1}{2}$. Mais ſi la couleur changeoit, la grandeur des anneaux chan-
geoit auſſi. Or les anneaux rouges étoient les
plus grands; les indigos & les violets, les
plus petits. Quant aux couleurs intermédiaires,
leurs anneaux étoient de grandeurs intermédiaires correſpondantes : de ſorte que les jaunes
étoient plus grands que les verts; & les verts,
plus grands que les bleus. Ainſi, le miroir
étant illuminé par les rayons immédiats du
ſoleil, je reconnus que le rouge & le jaune
de la partie extérieure des anneaux étoient produits par les rayons les moins réfrangibles; le
bleu & le violet, par les rayons les plus réfrangibles. Je reconnus encore que les couleurs

de chaque anneau, empiétant de part & d'autre
fur les couleurs des anneaux contigus (comme
cela a été expliqué dans la I & la II Parties
de ce Livre) , fe confondoient fi fort
qu'il n'étoit pas poffible de les diftinguer, excepté près du centre , où leur mélange étoit
moindre : car alors les anneaux paroiffoient
plus diftinctement & en plus grand nombre;
puifque j'en comptai huit ou neuf, lorfque le
miroir étoit éclairé par la lumière jaune, indépendamment des légères traces d'un dixième.
Pour favoir à quel point les couleurs des différents anneaux enjamboient l'une fur l'autre ,
je mefurai les diamètres du fecond & du troifième, produits par les confins du rouge & de
l'orangé; & je trouvai que leurs diamètres
étoient aux diamètres des mêmes anneaux produits par les confins du bleu & de l'indigo,
comme 9 à 8 ou à peu près; car il étoit difficile de déterminer exactement ce rapport. De
même les cercles produits fucceffivement par
le rouge, le jaune, & le vert , différoient plus
l'un de l'autre, que ceux qui étoient produits
fucceffivement par le vert, le bleu, & l'indigo.

A

A l'égard du cercle tracé par le violet, il étoit si obscur qu'il échappoit à la vûe. Ainsi, pour suivre ce calcul, supposons que les différences des diamètres des cercles formés progressivement par le rouge le plus extérieur, les confins du rouge & de l'orangé, les confins de l'orangé & du jaune, les confins du jaune & du vert, les confins du vert & du bleu, les confins du bleu & de l'indigo, les confins de l'indigo & du violet, & le violet le plus extérieur, soient proportionnelles aux différences des longueurs d'un monocorde qui formeroient ces tons d'une octave *sol, la, fa, sol, la, mi, fa, sol;* c'est à dire, aux nombres $\frac{1}{9}$, $\frac{1}{18}$, $\frac{1}{12}$, $\frac{1}{12}$, $\frac{2}{27}$, $\frac{1}{27}$, $\frac{1}{18}$. Cela supposé, je dis que, si le diamètre du cercle formé par les confins du rouge & de l'orangé est 9 A, celui du cercle formé par les confins du bleu & de l'indigo sera 8 A : leur différence 9 A — 8 A sera donc à la différence des diamètres des cercles formés par le rouge le plus extérieur & par les confins du rouge & de l'orangé, comme $\frac{1}{18}$ + $\frac{1}{12}$ + $\frac{1}{12}$ + $\frac{2}{27}$ à $\frac{1}{9}$, c'est à dire, comme $\frac{8}{27}$ à $\frac{1}{9}$ ou comme 8 à 3 ; tandis qu'elle sera à la différence des cercles formés par le violet le plus intérieur & par les confins du bleu & de l'indigo, comme $\frac{1}{18} + \frac{1}{12} + \frac{1}{12} + \frac{2}{27}$ à $\frac{1}{27} + \frac{1}{18}$, c'est à dire, comme $\frac{8}{27}$ à $\frac{5}{54}$ ou comme 16 à 5. Par conséquent ces différences feront $\frac{3}{8}$ A & $\frac{5}{16}$ A. Après avoir ajouté la première de ces différences à 9 A, déduisez la dernière de 8 A, & vous aurez les diamètres des cercles formés par les rayons les moins réfrangibles & les plus réfrangibles $\frac{75}{8}$ A & $\frac{61\frac{1}{2}}{8}$ A. Ces diamètres sont donc entre eux comme 75 à 61 $\frac{1}{2}$ ou 50 à 41 ; & leurs quarrés comme 2500 à 1681, c'est à dire, à très-peu près comme 3 à 2 : rapport peu différent de celui des diamètres des cercles formés par le rouge & le violet, les plus extérieurs de la XIII Observation de la I Partie de ce Livre.

VI. Observation. Ayant placé mon œil au point où les phénomènes avoient le plus de netteté, je vis le miroir tout couvert d'ondes rouges, jaunes, vertes, & bleues, beaucoup plus étendues, mais du reste semblables à celles qu'on voyoit entre les objectifs & sur les bulles d'eau savoneuse des Observations de

la I PARTIE de ce LIVRE. Elles paroiſſoient auſſi de différentes grandeurs, ſuivant la
poſition de l'œil ; car elles ſe dilatoient &
ſe contractoient à meſure qu'il s'approchoit ou
s'éloignoit. Comme elles formoient des arcs de
cercle concentriques; quand l'œil, placé à 5
pieds 10 pouces de diſtance, correſpondoit au
centre de la concavité du miroir, le centre
commun de ces ondes ſe trouvoit dans la même
droite que ce centre de concavité & le trou
du volet : mais leur centre prenoit d'autres
poſitions, dès que l'œil étoit placé différemment.
Ces ondes étoient vues au moyen de la lumière du ciel, qui tomboit ſur le miroir à
travers le trou du volet. Si le ſoleil venoit à
y darder ſes rayons, leur champ paroiſſoit de
la couleur de chaque onde ſur laquelle ils tomboient, & ils s'affoibliſſoient extrêmement ;
excepté lorſque le miroir étoit aſſez éloigné de
la croiſée pour qu'ils y tombaſſent fort diver-
gents, c'eſt à dire, pour que leur lumière fût
fort affoiblie elle-même. En variant le point
de vûe, & l'approchant ou l'éloignant du faiſceau
ſolaire, la couleur des rayons réfléchis varioit
conſtamment ſur l'œil & ſur le miroir : car la

même couleur que je voyois fur le miroir, des perfonnes placées près de moi l'appercevoient fur mon œil. Ainfi, ces anneaux colorés étoient produits par les rayons réfléchis, & propagés (fous divers angles) du miroir au carton : ils ne dépendoient donc nullement de la manière dont la lumière & l'ombre étoient terminées.

VII. OBSERVATION. A l'analogie de ces phénomènes avec ceux qui font décrits dans la I PARTIE de ce LIVRE, je jugeai que les ondes colorées étoient produites par des plaques épaiffes de verre, à peu près de la même manière que par des lames fort minces; puisqu'après avoir enlevé le tain du miroir, le verre feul donnoit les mêmes couleurs, quoique fort affoiblies. Elles ne dépendent donc du tain, qu'autant qu'il augmente la réflexion à la dernière furface du verre. L'expérience prouve d'ailleurs qu'un miroir de métal fort bien travaillé ne produit aucun de ces anneaux : d'où j'infère qu'ils proviennent des deux furfaces fpéculaires & de leur intervalle, c'eft à dire, de l'épaiffeur de la plaque de verre qui forme le miroir. Comme, dans les OBSERVATIONS VII

& XIX de la I PARTIE, une mince lame
d'air, d'eau, ou de verre, mais d'épaisseur
égale, paroissoit d'une certaine couleur, lorsqu-
que les rayons lui étoient perpendiculaires;
d'une autre couleur, lorsqu'ils étoient un peu
obliques; & d'une autre couleur, lorsqu'ils
l'étoient encore davantage; &c: de même,
dans la VI OBSERVATION de cette PARTIE,
la lumière émergente du verre à différentes
obliquités, le faisoit paroître de différentes
couleurs; puis propagée jusqu'au carton, elle
y peignoit des anneaux de toutes ces couleurs.
D'un autre côté, comme une mince lame paroissoit de différentes couleurs à différents degrés d'obliquité des rayons; parce qu'elle réfléchissoit & transmettoit sous le même degré
d'obliquité ceux d'une même espèce, & qu'elle
transmettoit ceux d'une espèce au même endroit où elle réfléchissoit ceux d'une autre espèce: de même, à différentes obliquités des
rayons, la plaque de verre qui forme le miroir paroissoit de différentes couleurs, & transmettoit ces couleurs au carton; parce que les
rayons de la même espèce, qui émergeoient
du verre à certaine obliquité, étoient réfléchis

à une autre obliquité par la dernière furface
du miroir. Ainfi, à mefure que l'obliquité augmentoit, les rayons paffoient ou fe réfléchif-
foient alternativement à plufieurs reprifes ;
tandis qu'à la même obliquité, les rayons d'une
efpèce étoient réfléchis, & ceux d'une autre efpèce tranfmis. Cela paroît évident par la V Observation de cette Partie : car dès que le
miroir étoit illuminé par l'une des couleurs
prifmatiques, elle produifoit fur le carton plufieurs anneaux de la même couleur avec des
intervalles obfcurs : elle étoit donc alternativement tranfmife & réfléchie du miroir au carton,
durant plufieurs fucceffions, fuivant les différentes obliquités où elle fe trouvoit à fon point
d'émergence. Lorfque la couleur projetée fur
le miroir venoit à changer, celles des anneaux
changeoient pareillement ; & à chaque changement de couleurs, les anneaux changeoient de
dimenfions : la lumière étoit donc alternativement tranfmife & réfléchie du miroir au carton
à des obliquités différentes. Il paroît donc que
ces anneaux ont la même origine que ceux des
minces lames : avec cette différence pourtant,
que les derniers font produits par les réflexions

& les transmissions alternatives des rayons à la seconde surface, après avoir traversé la plaque une fois : au lieu que pour produire les derniers, les rayons la traversent deux fois, avant d'être réfléchis & transmis alternativement ; d'abord depuis la première surface jusqu'au tain, ensuite depuis le tain jusqu'à la première surface où ils sont transmis au carton ou de nouveau réfléchis vers le tain, suivant qu'ils se trouvent dans des accès de facile réflexion ou de facile transmission lorsqu'ils arrivent à la première surface.

A l'égard des rayons qui tombent perpendiculairement sur le miroir, ils sont réfléchis perpendiculairement : ainsi, les intervalles de leurs accès au dedans du verre doivent être les mêmes en longueur & en nombre après comme avant la réflexion, suivant la XIX Proposition de la III Partie de ce Livre : c'est une suite de l'égalité des angles, ou plus tôt de l'identité des lignes d'incidence & de réflexion. Puis donc que tous les rayons qui traversent la première surface se trouvent à leur entrée dans des accès de facile transmission, & que tous les rayons qui sont réfléchis par la seconde surface font dans des *accès de facile réflexion* ; ceux-ci doivent néceffairement fe trouver dans des *accès de facile tranfmiffion*, lorfque, revenus en arrière, ils émergent de la première furface, pour aller au carton & y former la tache blanche qu'on voit au centre des anneaux. Cette raifon ayant lieu à l'égard des rayons de toute efpèce, il fuit que ces rayons font projetés pêle-mêle vers cette tache, & la font paroître blanche par leur mélange réciproque.

Quant aux rayons réfléchis plus obliquement qu'ils n'entrent, les intervalles de leurs accès doivent être plus grands après qu'avant la réflexion, conformément aux PROPOSITIONS XV & XX. D'où il peut arriver qu'au retour de ces rayons vers la première furface, ils fe trouvent à certaines obliquités dans *des accès de facile réflexion*, & reviennent par conféquent vers le tain. Mais à d'autres obliquités intermédiaires fe trouvant dans *des accès de facile tranfmiffion*, ils iront de là au carton & y peindront des anneaux colorés autour de la tache blanche. Comme, à égales obliquités, les intervalles des accès font plus grands, mais moins nombreux, pour les rayons le moins réfrangibles; à égales obliquités, ces rayons doivent produire des anneaux moins nombreux, mais plus grands, que ne font les rayons le plus réfrangibles. Ainsi, les anneaux rouges feront plus amples que les jaunes; les jaunes, que les verts; les verts, que les bleus; & les bleus, que les violets; comme on le remarque dans la V Observation. L'anneau qui circonscrit immédiatement la tache blanche doit donc être rouge au dehors, violet en dedans, & jaune, vert, bleu au milieu, conformément à la II Observation. Ces couleurs, plus étendues dans le second anneau que dans le premier, iront toujours en augmentant, jusqu'à ce qu'empiétant l'une sur l'autre, elles viennent à se confondre par leur mélange.

Voilà en général d'où me semblent provenir ces anneaux. Ce fut la recherche de leurs causes qui me donna lieu de faire des Observations sur les différentes épaisseurs du verre, & d'examiner si par le calcul on en pourroit véritablement déduire les dimensions & les proportions des anneaux.

VIII. Observation. Je mesurai donc

l'épaisseur de la lame de verre concave-convexe qui formoit le miroir dont je viens de parler, & je trouvai qu'elle étoit par-tout exactement de 3 lignes. Suivant la VI OBSERVATION de la la I PARTIE, une mince lame d'air transmet les rayons les plus vifs du premier anneau, c'est à dire, ceux d'un jaune éclatant; lorsque son épaisseur a $\frac{1}{89,000}$ de pouce; & suivant la X OBSERVATION, une mince lame de verre transmet ces mêmes rayons, lorsque son épaisseur est moindre dans le rapport du sinus de réfraction au sinus d'incidence; c'est à dire, lorsqu'elle a $\frac{11}{1,513,000}$ ou $\frac{1}{137,545}$ de pouce, supposé que ces sinus soient entre eux comme 11 à 17. Si cette épaisseur est double, elle transmettra les rayons correspondants du second anneau. Si elle est triple, elle transmettra les rayons correspondants du troisième anneau. Ainsi de suite : car dans tous ces cas la lumière d'un jaune brillant se trouve dans ses accès de facile transmission. Conséquemment si cette épaisseur est multipliée 34, 386 fois, de sorte qu'elle ait 3 lignes précises, elle trans-

mettra les rayons correfpondants du 34, 386ᵉ
anneau. Maintenant fuppofons que ces rayons
d'un jaune brillant foient ceux que nous avons
fuppofés tranfmis perpendiculairement du côté
convexe, au delà du côté concave, jufqu'à la
tache blanche au milieu des anneaux colorés
peints fur le carton ; on voit, par une règle
établie aux articles des OBSERVATIONS VII &
XIX de la I PARTIE de ce LIVRE, & par les
PROPOSITIONS XV & XX de la III PARTIE,
que, fi les rayons font inclinés au verre, l'é-
paiffeur requife pour tranfmettre ceux d'un
jaune éclatant du même anneau, à une obliquité quelconque, fera à l'épaiffeur de 3 lignes,
comme eft au demi-diamètre la fécante d'un
certain angle dont le finus eft la première de
106 moyennes proportionnelles arithmétiques
entre les finus d'incidence & de réfraction ;
à partir du finus d'incidence, lorfque la réfraction fe fait de la lame dans le milieu qui
l'environne, & du verre dans l'air pour le cas
dont il s'agit. Or fi, d'une part, l'épaiffeur du
verre augmente graduellement par raport à la
première qui étoit de 3 lignes, jufqu'à foute-
nir les proportions qu'il y a entre le nombre

34, 386 (celui des accès des rayons perpendiculaires qui vont à travers le verre à la tache
blanche du milieu des anneaux) & les nombres
34,385, 34,384, 34,383, 34,382, (ceux
des accès des rayons obliques qui vont à travers le verre, du premier anneau coloré vers
les second, troisième, & quatrième); de l'autre
part, si la première épaisseur est divisée en
100,000,000 de parties égales: les épaisseurs
augmentées seront 100,002,908; 100,005,816;
100,008,725; 100,011,633; & les angles dont
les épaisseurs sont les sécantes, seront 26′
13″, 37′ 5″, 45′ 6″, & 52′ 26″, (le demi-
diamètre étant 100,000,000): angles dont les
sinus sont 762, 1079, 1321, 1525; & les
sinus proportionnels de réfraction 1172, 1659,
2031, & 2345, le demi-diamètre étant 100,000.
Car les sinus d'incidence, au passage des rayons
du verre dans l'air, étant aux sinus de réfraction comme 11 à 17, & aux sécantes comme
11 à la première de 106 moyennes proportionnelles arithmétiques entre 11 & 17, c'est
à dire, comme 11 à 11 $\frac{6}{106}$; ces sécantes
seront aux sinus de réfraction comme 11 à

11 $\frac{6}{106}$ à 17, & elles donneront ces sinus en
vertu de cette analogie. Donc, si les rayons
sont tellement inclinés à la surface concave du
verre, qu'en passant du verre dans l'air à travers cette surface, leurs sinus de réfraction
soient 1172, 1659, 2031, 2345 ; la lumière
éclatante de l'anneau 34,386 émergera à des
épaisseurs qui sont à 3 lignes, comme 34,386
est à 34,385 ; 34,384 ; 34,383 ; 34,382, respectivement. Par conséquent, si dans tous ces
cas l'épaisseur du verre est de 3 lignes, comme
celle de notre miroir ; la lumière éclatante de
l'anneau 34,385e sortira à l'endroit où le sinus
de réfraction est 1172 ; & celle des anneaux
34,384e, 34,383e, & 34,382e, sortira aux endroits où les sinus sont 1659, 2031, & 2345,
respectivement. Au reste, la lumière de ces
anneaux propagée (sous ces angles de réfraction) du miroir au carton, y produira des anneaux autour de la tache centrale blanche &
ronde, réputée lumière de l'anneau 34,386e,
comme nous l'avons déjà remarqué. Quant aux
demi-diamètres de ces anneaux, ils soutendront
les angles de réfraction formés à la surface

concave du miroir : ainſi, leurs diamètres feront
à la diſtance du carton au miroir, comme ces
ſinus de réfraction doublés ſont au demi-diamètre, c'eſt à dire, comme 1172, 1659, 2031,
2345 doublés ſont à 100,000. Donc ſi le carton
eſt à 6 pieds de la ſurface concave du miroir
(de même que dans la III OBSERVATION),
les diamètres des anneaux d'un jaune éclatant,
peints ſur le carton, feront 1′688, 2′389, 2′925,
3′375 pouces; car ces diamètres ſont à ſix pieds,
comme les ſinus doublés dont il s'agit ſont
au demi-diamètre. Or ces diamètres des anneaux d'un jaune brillant, trouvés de la ſorte
par le calcul, ſont précifément les mêmes
que ceux qui ont été trouvés par expérience dans
la IIIᵉ de ces OBSERVATIONS ; ſçavoir, 1 pouce
$\frac{11}{16}$, 2 pouces $\frac{3}{8}$, 2 pouces $\frac{11}{12}$, & 3 pouces $\frac{3}{8}$.
Donc la théorie qui déduit ces anneaux de
l'épaiſſeur de la plaque de verre du miroir,
& de l'obliquité des rayons émergents, s'accorde avec l'Obſervation.

Dans ce calcul, j'ai ſuppoſé les diamètres
des anneaux brillants formés par une lumière
blanche, égaux aux diamètres des anneaux
d'un jaune brillant : car ce jaune fait la partie

la plus éclatante des anneaux colorés. Pour
trouver les diamètres des anneaux de toute
autre couleur fimple, il fuffit d'établir qu'ils
font aux diamètres des anneaux d'un jaune
éclatant, en proportion foudoublée des intervalles des accès des rayons de ces couleurs,
lorfque ces rayons font également inclinés à
la furface réfringente ou réfléchiffante qui a
produit ces accès; c'eft à dire qu'il fuffit d'établir que les diamètres des anneaux formés dans
les dernières limites des fept principales couleurs (rouge, orangé, jaune, vert, bleu, indigo, & violet) font proportionnels aux racines
cubiques des nombres 1, $\frac{8}{9}$, $\frac{5}{6}$, $\frac{3}{4}$, $\frac{2}{3}$, $\frac{3}{5}$, $\frac{9}{16}$,
$\frac{1}{2}$, qui repréfentent les longueurs d'un mono-
corde propres à produire les tons d'une octave.
De cette manière les diamètres, des anneaux
de ces couleurs fe trouveront entre eux, à très-
peu près, dans la proportion où ils doivent
être conformément à la Ve OBSERVATION de
cette PARTIE.

Voilà comment je me fuis affûré que ces
anneaux & ceux des plaques minces avoient
une même caufe, & que les difpofitions alternatives des rayons à être réfléchis ou tranfmis

font propagées de chaque furface réfléchiffante & réfringente à de grandes diftances. Points de théorie, auxquels l'Obfervation qui fuit mettra le fceau de l'évidence.

IX. OBSERVATION. Si ces anneaux dépendoient de l'épaiffeur de la plaque de verre : à égales diftances de différents miroirs faits de plaques de verre concaves-convexes, & travaillées fur une même fphère; leurs diamètres devroient être réciproquement en proportion foudoublée des épaiffeurs de ces plaques, ainfi que je l'ai déja remarqué. Cette proportion étant établie par l'expérience, il s'enfuivra démonftrativement que ces anneaux dépendent de l'épaiffeur du verre, comme ceux des minces lames. Je pris donc une autre plaque de verre concave-convexe, & de même fphéricité aux deux côtés que la plaque précédente; fon épaiffeur étoit de $\frac{5}{62}$ parties de pouce; & les diamètres des trois premiers anneaux brillants, mefurés entre les parties les plus éclatantes de leurs orbes à 6 pieds du verre, étoient 3 pouces, 4 pouces $\frac{1}{6}$, 5 pouces $\frac{1}{8}$. Mais l'épaiffeur de l'autre verre portée à 3 lignes, étoit

à

à l'épaiſſeur de ce verre comme $\frac{1}{4}$ à $\frac{5}{62}$, c'eſt à dire, comme 31 à 10, ou 310,000,000, à 100,000,000; & les racines de ces nombres ſont 17,607 & 10,000. Or les diamètres des anneaux brillants de la IX OBSERVATION, formés par le verre le plus mince, ſavoir 3, $4\frac{1}{6}$, $5\frac{1}{8}$, ſont aux diamètres des mêmes anneaux de la III OBSERVATION, formés par le verre le plus épais, ſavoir $1\frac{11}{16}$, $2\frac{3}{8}$, $2\frac{11}{12}$, dans le rapport de la première à la ſeconde de ces racines; ou, ce qui revient au même, les diamètres des anneaux ſont réciproquement en proportion ſous-doublée des épaiſſeurs des plaques de verre. Ainſi, dans des plaques également concaves-convexes, & dont la ſurface convexe eſt également étamée, de ſorte qu'elles ne diffèrent qu'en épaiſſeur; les diamètres des anneaux ſont réciproquement en proportion ſous-doublée des épaiſſeurs des plaques: ce qui prouve aſſez que les anneaux dépendent des deux ſurfaces du verre. Ils dépendent de la convexe, puiſqu'ils ſont plus brillants lorſqu'elle eſt étamée que lorſqu'elle ne l'eſt pas: ils dépendent auſſi de la concave, puiſqu'un miroir qui n'a point de pareille ſurface ne pro-

K

duit aucun anneau : enfin ils dépendent des deux furfaces & de la diftance qu'il y a entre elles, puifque la grandeur des anneaux varie par le feul changement de cette diftance. A cet égard tout eft égal entre ces anneaux & ceux des plaques minces; la grandeur proportionnelle des anneaux, & fes changements relatifs à la différente épaiffeur du verre, l'ordre de leurs couleurs, &c, étant tels qu'ils doivent être d'après les dernières PROPOSITIONS de la III PARTIE de ce LIVRE : Propofitions fondées fur les couleurs apparentes des plaques minces décrites dans la I PARTIE.

Ces anneaux colorés préfentent encore d'autres phénomènes, qui font autant de fuites des mêmes propofitions, & qui en confirment la vérité, de même que l'analogie de ces anneaux aux anneaux colorés des minces lames. Je décrirai ici quelques-uns de ces phénomènes.

X. OBSERVATION. Quand on fefoit réfléchir le faifceau des rayons folaires, non du miroir vers le trou du volet, mais vers un endroit qui en fût un peu éloigné; le centre commun de la tache blanche & des anneaux

colorés tomboit à mi-chemin entre le faifceau
incident & le faifceau réfléchi. Il fe trouvoit
donc au centre de la concavité du miroir,
toutes les fois que le carton fur lequel tomboient les anneaux colorés étoit dans ce
centre-là. Comme, à raifon de l'obliquité du
miroir, le faifceau réfléchi s'éloignoit de plus
en plus du faifceau incident & du centré
commun des anneaux colorés qui étoit entre
deux ; ces anneaux alloient toujours en augmentant, de même que la tache blanche or-
biculaire : de leur centre commun fortoient
fucceffivement des anneaux colorés ; la tache
blanche fe changeoit en un anneau blanc qui
entouroit ces nouveaux anneaux ; & les traits
de lumière incidente & réfléchie, tombant toujours fur les parties oppofées de cet anneau
blanc, illuminoient fa circonférence comme
les deux parhélies qui fe voient quelquefois
aux parties oppofées d'une iris. Ainfi, le diamètre de cet anneau (mefuré au milieu de fon
épaiffeur) étoit toujours égal à la diftance qui
fe trouvoit entre le milieu du trait incident &
le milieu du trait réfléchi, prife à l'endroit du
carton où paroiffoient les anneaux. Du refte,

les rayons qui formoient cet anneau, étoient réfléchis par le miroir fous des angles égaux à leurs angles d'incidence ; après s'être réfractés à leur entrée dans le verre, ils n'avoient donc plus leurs angles de réflexion dans le même plan que leurs angles d'incidence.

XI. OBSERVATION. L'ordre des couleurs de ces nouveaux anneaux fe trouvoit oppofé à celui des couleurs des anneaux précédents : voici comment elles fe dèvelopoient. La tache blanche & ronde, qui paroiffoit au milieu des anneaux projetés fur le carton, refta blanche jufqu'au centre, tant que la diftance des traits incidents aux traits réfléchis n'excédoit pas de $\frac{7}{8}$ de pouce ; autrement, fon milieu commençoit à s'obfcurcir. Lorfque cette diftance fut de 1 pouce $\frac{3}{16}$ environ, la tache blanche fe changea en un anneau blanc qui entouroit une tache obfcure & ronde, dont le milieu tiroit fur le violet & l'indigo. Déja les anneaux lumineux qui environnoient cette nouvelle tache, fe dilatoient autant que les anneaux obfcurs dont ils paroiffent eux mêmes immédiatement environnés

dans les quatre premières Observations. Ainsi,
la tache blanche étant changée en un anneau
blanc égal au premier des anneaux obscurs :
le premier des anneaux lumineux devint égal
au second des anneaux obscurs ; le second des
lumineux, au troisième des obscurs ; ainsi des
autres : car ici les diamètres des anneaux lumi-
neux étoient 1 pouce $\frac{3}{16}$, 2 pouces $\frac{1}{16}$, 2 pouces $\frac{2}{3}$, 2 pouces $\frac{3}{20}$, &c.

Dès que la distance entre les traits incidents
& réfléchis augmentoit un peu plus ; au centre
de la tache obscure paroissoient successivement
de l'indigo, du bleu, du vert-pâle, du jaune,
& du rouge. Quand la couleur du centre devenoit la plus éclatante, c'est à dire, orangée ;
alors l'étendue des anneaux lumineux étoit
égale à celle des anneaux lumineux dont ils
étoient immédiatement environnés dans les
quatre premières Observations : ou, ce qui revient au même, la tache blanche au milieu
de ces anneaux se trouvoit changée en un anneau blanc égal au premier des anneaux lumineux ; tandis que le premier des anneaux lumineux devenoit égal au second de ces mêmes
anneaux ; ainsi de suite : car ici les diamètres

de l'anneau blanc & des autres anneaux lumineux qui l'environnoient, étoit 1 pouce $\frac{11}{16}$,
2 pouces $\frac{3}{8}$, 2 pouces $\frac{11}{12}$, 3 pouces $\frac{3}{8}$ ou environ.

Dès que la distance des deux traits de lumière
projetée sur le carton augmentoit un peu, du
centre sortoient successivement du rouge, du
pourpre, du bleu, du vert, du jaune, & du
rouge tirant sur le pourpre. Quand la couleur
devenoit la plus éclatante, c'est à dire, orangée;
les couleurs précédentes, savoir l'indigo, le
bleu, le vert, le jaune, & le rouge formoient
un anneau coloré, égal au premier des anneaux
lumineux qui paroissoient dans les quatre premières Observations; tandis que l'anneau blanc,
qui se trouvoit ici le second des anneaux lumineux, étoit égal au second de ces anneaux,
& le premier des anneaux lumineux, qui est
ici le troisième, se trouvoit égal au troisième de
ces anneaux; ainsi de suite : car leurs diamètres
étoient 1 pouce $\frac{11}{16}$, 2 p $\frac{3}{8}$, 2 p $\frac{11}{12}$, 3 p $\frac{3}{8}$;
la distance des deux traits de lumière & le
diamètre de l'anneau blanc étant 2 pouces $\frac{3}{8}$.

Dès que ces deux traits étoient plus éloignés
l'un de l'autre, du milieu sortoit une tache
ronde plus obscure, au centre de laquelle

paroiſſoit enſuite une autre tache brillante. Et alors les couleurs précédentes, ſavoir le pourpre, le bleu, le vert, le jaune, & le rouge tirant ſur le pourpre, formoient un anneau égal au premier des anneaux lumineux des quatre premières Obſervations : les anneaux qui circonſcrivoient celui-ci étoient égaux à ceux dont le premier étoit circonſcrit ; mais la diſtance des deux traits de lumière, & le diamètre de l'anneau blanc qui ſe trouvoit alors le troiſième anneau, étoient d'environ 3 pouces.

Enſuite les couleurs des anneaux du milieu s'affoiblirent très-fort : & dès qu'on augmentoit d'un demi-pouce la diſtance entre les deux traits de lumière, ces couleurs diſparoiſſoient entièrement ; tandis que l'anneau blanc, & un ou deux des anneaux contigus de part & d'autre, continuoient d'être viſibles. Mais ſi la diſtance des deux traits de lumière augmentoit davantage, ceux-ci diſparoiſſoient pareillement. Or la lumière, qui des différentes parties du trou fait au volet tomboit ſur le miroir ſous différents angles, vint alors à former des anneaux de différentes grandeurs qui s'affoibliſſoient & s'effaçoient réciproque-

K 4

ment; comme je le reconnus en interceptant quelque partie de cette lumière. Car fi j'interceptois la partie la plus proche de l'axe du miroir, les anneaux devenoient plus petits; & fi j'interceptois la partie la plus éloignée de cet axe, ils devenoient plus grands.

XII. OBSERVATION. Lorfque les couleurs prifmatiques étoient fucceffivement projetées fur le miroir, l'anneau blanc des deux dernières Obfervations confervoit toujours la même étendue; à cela près que les anneaux extérieurs étoient plus grands en vert qu'en bleu, plus grands en jaune qu'en vert, & encore plus grands en rouge qu'en jaune. Au contraire, les anneaux intérieurs étoient plus petits en vert qu'en bleu, plus petits en jaune qu'en vert, & encore plus petits en rouge qu'en jaune. Car les angles de réflexion des rayons de cet anneau, étant égaux à leurs angles d'incidence; les accès de chaque rayon réfléchi au dedans du verre, étoient, après la réflexion, égaux en longueur & en nombre aux accès du même rayon au dedans du verre, avant qu'il tombât fur la furface réfléchiffante. Ainfi, les rayons hétérogènes, qui fe trouvent à leur incidence fur la première furface du verre dans un accès de facile tranfmiffion, fe trouvoient auffi dans un accès de facile tranfmiffion à leur retour vers la même furface après avoir été réfléchis par la dernière : ils étoient donc tranfmis vers l'anneau blanc formé fur le carton. Voilà pourquoi cet anneau avoit la même étendue dans toutes les couleurs, & pourquoi il paroiffoit blanc lorfque toutes les couleurs étoient confondues.

Pour ce qui eft des rayons réfléchis à d'autres angles ; les intervalles des accès des moins réfrangibles, étant les plus grands, font que d'ordinaire les anneaux de leur couleur augmentent le plus promptement de tous, en s'éloignant de part & d'autre de l'anneau blanc : par cela même ils font plus grands en dehors, plus petits en dedans. Auffi dans la dernière Obfervation, lorfque le miroir étoit illuminé d'une lumière blanche, les anneaux extérieurs produits par toutes les couleurs paroiffoient-ils rouges en dehors, bleus en dedans ; tandis que les anneaux intérieurs paroiffoient bleus en dehors, rouges en dedans.

Tels font les phénomènes qu'offrent des plaques de verre épaiffes, convexes-concaves, & à furfaces parallèles.

Elles en offrent d'autres encore, lorfqu'elles font plus ou moins concaves que convexes, ou planes-convexes, ou bi-convexes : car dans tous ces cas, elles produifent des anneaux colorés, mais de différentes manières. Et autant que j'ai pu l'obferver, ces phénomènes font tous des conféquences des dernières PROPOSITIONS de la PARTIE précédente, dont ils confirment la vérité. Au refte ces phénomènes font trop variés, & les calculs par lefquels ils font déduits de ces Propofitions trop embarraffants, pour qu'il en foit ici queftion. Il me fuffit d'avoir pouffé l'examen des phénomènes de ce genre jufqu'à en découvrir la caufe, & d'avoir confirmé par cette découverte les Propofitions avancées dans la III PARTIE de ce LIVRE.

XIII. OBSERVATION. Puifque la lumière réfléchie par une lentille mife au tain produit des anneaux colorés, elle doit en produire de femblables lorfqu'elle traverfe une goute d'eau. A la première réflexion des rayons dans la goute, quelques couleurs feront tranfmifes comme dans la lentille ; tandis que d'autres feront réfléchies vers l'œil. Par exemple, fi le diamètre d'un globule d'eau eft environ la 500ᵉ partie d'un pouce, de forte qu'un rayon rouge paffant par le milieu de ce globule ait 250 *accès de facile tranfmiffion* au dedans du globule, tandis que tous les rayons rouges, qui à certaine diftance environnent celui-ci de toutes parts, ont 249 accès au dedans du globule ; tous les rayons de la même efpèce qui l'environnent à une diftance plus grande ont 248 accès, & tous ceux qui l'environnent à une diftance plus grande encore ont 247 accès, ainfi de fuite : ces cercles concentriques de rayons projetés après leur tranfmiffion fur un papier blanc, y formeront des cercles concentriques de rayons rouges ; pourvu toutefois que la lumière tranfmife par un feul globule foit affez forte pour affecter l'organe. De même les autres rayons hétérogènes produiront chacun des anneaux de leur propre couleur. Maintenant fuppofé que le foleil brille à travers une nuée légère, compofée de pareils globules d'eau ou de grêle, tous de même groffeur ; il paroitra environné d'anneaux colorés concentriques, semblables à ceux que nous venons de décrire. Or le diamètre du premier anneau rouge sera de 7° & 15'; celui du second, de 10° 15'; celui du troisième, de 12° 33'. La grandeur de ces anneaux sera donc proportionnelle à celle des globules d'eau.

Voilà la théorie; l'Expérience y est exactement conforme : car au mois de Juin 1692, je vis par réflexion dans un vase d'eau tranquile trois couronnes colorées autour du soleil, semblables à trois petites iris concentriques. La plus petite couronne étoit bleue en dedans, rouge en dehors, & blanche au milieu. La seconde étoit pourpre & blanche en dedans, rouge-pâle en dehors, & verte au milieu. La troisième étoit bleue-pâle en dedans, rouge-pâle en dehors. Ainsi, leurs couleurs du centre à la circonférence étoient rangées dans cet ordre : bleu, blanc, rouge : pourpre, bleu, vert, blanc, rouge : pourpre, bleu, vert, jaune-pâle, rouge : bleu-pâle, rouge-pâle.

Le diamètre de la seconde couronne, mesuré au milieu du jaune & du rouge, étoit de 9° 20' ou environ. Je n'eus pas le temps de

mesurer les diamètres de la première & de
la troisième couronnes : mais le diamètre de la
première paroissoit avoir environ 5° ou 6° ; &
celui de la troisième, environ le double.

La lune offre quelquefois de pareilles couronnes : car la nuit du 19 Février 1664, j'en
vis deux autour de cette planète. Elle paroif-
soit immédiatement environnée d'un cercle
blanc. Venoit ensuite la couronne intérieure,
qui étoit verte-bleuâtre au dedans, jaune-rouge
au dehors, & dont le diamètre avoit environ 3°.
La couronne extérieure étoit contiguë ; elle
offroit du bleu & du vert à son bord interne,
du rouge à son bord externe, & elle avoit un
diamètre d'environ 5° 30'. On voyoit en
même temps un halo ou cercle coloré environ
à 22° 35', du centre de la lune. Il étoit
elliptique, & son long diamètre, perpendiculaire à l'horizon, s'éloignoit le plus de la lune
par sa partie inférieure. On m'a assûré qu'on
apperçoit quelquefois trois, quatre couronnes
concentriques contiguës autour de la lune. Plus
les globules d'eau ou de glace sont égaux entre
eux, plus on doit appercevoir de couronnes
colorées, & plus leurs couleurs doivent être

éclatantes. Au reste, le halo qu'on voyoit à 22° 35′ de la lune n'étoit pas de même nature. De ce qu'il étoit ovale & plus éloigné de la lune par le bas que par le haut, je conclus qu'il résultoit de la réfraction des rayons par une espèce particulière de grêle ou de neige qui flottoit horizontalement dans l'air; l'angle réfringent étant 58° ou 60°, environ.

LIVRE TROISIÈME.

OBSERVATIONS sur les inflexions des rayons de lumière, & les couleurs qui en résultent.

Personne, avant *Grimaldo*, n'avoit observé que les ombres des corps exposés aux rayons solaires (introduits dans une chambre obscure par un fort petit trou) sont, non seulement plus amples qu'elles ne le devroient si ces rayons passoient en ligne droite le long de ces corps, mais bordées de trois franges colorées parallèles. Lorsque le diamètre du trou vient à augmenter, ces franges se dilatent & se mêlent au point de ne pouvoir plus être distinguées. Faute d'avoir examiné la chose d'assez près, on a attribué à la réfraction de la lumière dans l'air ces larges ombres, ces franges colorées; & assûrément sans raison : voici les circonftances du phénomène, telles que je les ai obfervées.

I. OBSERVATION. Ayant fait avec une épingle un trou d'un 42ᵉ de pouce à une plaque de plomb, j'introduifis par ce trou un pinceau de rayons folaires dans ma chambre obfcure; & je trouvai que les ombres des cheveux, des fils, des épingles, des brins de paille & de tout autre corps menu expofé à ce pinceau, étoient confidérablement plus larges qu'elles n'auroient dû l'être fi les rayons avoient paffé en ligne droite le long de ces corps. Un cheveu, dont le diamètre n'avoit qu'un 280ᵉ de pouce, étant expofé à 12 pieds du trou, jeta une ombre qui à 4 pouces du cheveu avoit $\frac{1}{60}$ de pouce en largeur; à ce point elle étoit donc quatre fois plus large que le cheveu. A deux pieds, elle avoit environ $\frac{1}{28}$ de pouce en largeur, & étoit dix fois plus large que le cheveu. A dix pieds, elle avoit $\frac{1}{8}$ de pouce, & étoit trente cinq fois plus large que le cheveu.

Quel que foit le milieu ambiant, les phénomènes font identiques : car ayant mouillé une plaque polie de verre, je plaçai le cheveu

deffus,

deſſus, & j'y appliquai une autre plaque polie de verre ; enſuite je plongeai cet appareil dans de l'eau, enſorte qu'elle pût remplir l'eſpace intermédiaire des verres : puis je l'expoſai aux rayons du pinceau lumineux, de manière qu'ils puſſent le traverſer perpendiculairement. Alors l'ombre du cheveu ſe trouva, aux mêmes diſtances, de même grandeur qu'auparavant. Les ombres des traits tracés ſur des lames de verre étoient auſſi beaucoup plus larges qu'elles n'auroient dû l'être, & les filandres qui ſe trouvoient dans ces lames jetoient des ombres proportionnelles. La grandeur de ces ombres vient donc de quelque autre cauſe que de la réfraction cauſée par l'air.

Soient le cercle X un cheveu vu par un bout : ADG, BEH, CFJ, trois rayons paſſant à différentes diſtances de l'un des côtés du cheveu ; KNQ, LOR, MPS, trois autres rayons paſſant à pareilles diſtances de l'autre côté, D, E, F, & N, O, P, les endroits où les rayons s'infléchiſſent dans leur trajet : G, H, J ; & Q, R, S, les endroits où les rayons tombent ſur le papier GQ : JS la largeur de l'ombre du cheveu projetée ſur le papier : TJ

Fig. 54.

& VS, deux rayons allant aux points J & S, fans s'infléchir lorfque le cheveu eft ôté. Or ces points pris pour extrêmes, il eft évident que toute la lumière intermédiaire, paffant auprès du cheveu, fe plie en s'écartant de l'ombre JS : car fi quelque partie de cette lumière ne fouffroit aucune infléxion, elle tomberoit fur l'ombre & l'éclaireroit à cet endroit ; ce qui eft contraire à l'Expérience. Et puifque l'ombre s'élargit, & que les rayons TJ & VS s'éloignent beaucoup l'un de l'autre, lorfque le papier eft à une grande diftance du cheveu ; il eft évident que le cheveu agit à une diftance confidérable fur les rayons qui paffent à fes côtés ; & toujours avec d'autant plus d'énergie, que les rayons font moins dif-tants. D'où il fuit que l'ombre du cheveu eft proportionnellement plus large lorfque le papier eft près du cheveu, que lorfqu'il en eft éloigné.

II. OBSERVATION. Les ombres des métaux, des pierres, du verre, du bois, de la corne, de la glace, & généralement de tous les corps expofés à ces rayons, paroiffoient bordées de trois franges parallèles colorées, dont la plus proche de l'ombre étoit la plus large & la plus vive, tandis que la plus éloignée étoit la plus étroite & la moins vive : elle étoit même si peu marquée qu'on pouvoit à peine l'appercevoir. On distinguoit difficilement les couleurs de ces franges, excepté lorsque la lumière tomboit fort obliquement sur un papier ou sur quelque autre surface blanche & unie ; ce qui augmentoit leur largeur apparente. Alors les couleurs bien marquées suivoient cet ordre. En dedans (51), la première frange étoit d'un bleu foncé, puis d'un bleu clair, verte & jaune au milieu, rouge en dehors. La seconde frange étoit presque contiguë à la première, comme la troisième l'étoit à la seconde ; & toutes deux étoient bleues en dedans, jaunes & rouges en dehors : mais leurs couleurs étoient extrêmement foibles, sur-tout celles de la troisième. Voici la suite de ces couleurs à partir de l'ombre ; violet, indigo, bleu-pâle, vert, jaune, rouge ; bleu, jaune, rouge ; bleu-pâle, jaune-pâle, & rouge,

Les ombres produites par les filandres & les

_____

(51) C'est à dire, près de l'ombre.

bulles des plaques de verre étoient auſſi bordées de pareilles franges colorées. Enfin celles des bandes de glace biſelées & expoſées à ces rayons étoient bordées de pareilles franges, aux endroits où les plans parallèles formoient le biſeau par leur jonction ; & quelquefois on y comptoit juſqu'à quatre ou cinq franges co-

Fig. 55. lorées. Soient A B, CD, les plans parallèles d'une bande de glace, & BD le plan de ſon biſeau, feſant en B un angle fort obtus. Que toute la lumière qui ſe trouve entre les rayons ENJ & FBM, tranſmiſe perpendiculairement à travers les plans parallèles de la glace, aille tomber ſur le papier entre J & M ; & que toute la lumière entre les rayons GO & HD, réfractée par le plan oblique BD du biſeau, tombe ſur le papier entre K & L : alors le champ de lumière tranſmiſe à travers les plans parallèles ſur le papier entre J & M ſera bordé en M de trois franges, même d'un plus grand nombre.

Ainſi, en regardant le ſoleil à travers les barbes d'une plume ou un ruban noir tenu fort proche de l'œil, on voit pluſieurs iris ; parce que les ombres que les filets jettent fur la rétine font bordées de pareilles franges colorées.

III. OBSERVATION. Le cheveu étant à douze pieds du volet, j'en fis tomber l'ombre fur une échelle blanche, plate & bien graduée; d'abord obliquement, lorfque l'échelle étoit à 6 pouces du cheveu; puis perpendiculairement, lorfque l'échelle en étoit à 9 pieds. Enfuite je mefurai, avec toute l'exactitude poffible, la largeur de l'ombre & des franges colorées. La Table qui fuit donne ces mefures en parties de pouce: mais il faut obferver que, dans le premier cas, l'ombre du cheveu étoit projetée fi obliquement qu'elle paroiffoit douze fois plus large, que lorfqu'elle étoit projetée perpendiculairement à la même diftance.

	A la diſtance de 6 pouces.	A la diſtance de 9 pieds.
Largeur de l'ombre.	$\frac{1}{54}$	$\frac{1}{9}$
Largeur de l'eſpace entre les milieux des premières franges colorées, aux deux côtés de l'ombre.	$\frac{1}{38}$ ou $\frac{1}{39}$	$\frac{7}{50}$
Largeur de l'eſpace entre les milieux des franges moyennes, aux deux côtés de l'ombre.	$\frac{1}{23\frac{1}{2}}$	$\frac{4}{17}$
Largeur de l'eſpace entre les milieux des dernières franges, aux deux côtés de l'ombre.	$\frac{1}{18}$ ou $\frac{1}{18\frac{1}{2}}$	$\frac{3}{10}$
Diſtance entre la première & la ſeconde franges, priſe au milieu.	$\frac{1}{120}$	$\frac{1}{21}$
Diſtance entre la ſeconde & la troiſième franges, priſe au milieu.	$\frac{1}{170}$	$\frac{1}{31}$
Largeur des parties (verte, blanche, jaune, & rouge) de la première frange.	$\frac{1}{170}$	$\frac{1}{32}$
Largeur de l'eſpace le plus obſcur entre la première & la ſeconde franges.	$\frac{1}{240}$	$\frac{1}{45}$
Largeur de la partie lumineuſe de la ſeconde frange.	$\frac{1}{290}$	$\frac{1}{55}$
Largeur de l'eſpace le plus obſcur entre la ſeconde & la troiſième franges.	$\frac{1}{340}$	$\frac{1}{63}$

IV. OBSERVATION. Lorsque l'ombre étoit projetée obliquement sur une surface blanche lisse & peu distante ; la première frange commença à paroître à moins de 3 lignes du cheveu ; elle avoit même plus d'éclat que le reste du champ de lumière. Ainsi, l'intervalle obscur entre cette frange & la seconde parut à moins de quatre lignes du cheveu. La seconde frange commença à paroître à moins de 6 lignes ; & l'intervalle obscur entre cette frange & la troisième, à moins de 12 lignes. Enfin la troisième frange commença à paroître à moins de 3 pouces. A de plus grandes distances, ces franges devinrent beaucoup plus sensibles Mais elles avoient à peu près les mêmes largeurs & les mêmes intervalles proportionnels : car la distance entre les milieux de la première & de la seconde franges étoit à la distance entre les milieux de la seconde & de la troisième, comme 3 à 2 ou 10 à 7 ; & cette dernière distance se trouvoit égale à la largeur de la partie brillante de la première frange. Or cette largeur étoit à celle de la partie brillante de la seconde frange comme 7 à 4 ; à l'intervalle obscur de la première à la seconde

frange comme 3 à 2 ; & à l'intervalle obfcur
de la feconde à la troifième frange comme
2 à 1. Car il fembloit que les largeurs des
franges étoient en progreffion des nombres 1 ,
$V\frac{1}{3}$, $V\frac{1}{5}$; & que les intervalles des franges
étoient en même progreffion ; c'eft à dire que
les franges & leurs intervalles fuivoient la progreffion continue des nombres 1 , $V\frac{1}{2}$, $V\frac{1}{3}$,
$V\frac{1}{4}$, $V\frac{1}{5}$, ou environ. Ces proportions fe
foutenoient à peu près dans toutes les diftances
du cheveu, les intervalles obfcurs étant proportionnellement auffi larges que les franges ;
& cela dès qu'ils commençoient à paroître &
lorfqu'ils étoient le plus éloignés du cheveu ,
quoiqu'ils ne fuffent alors ni auffi obfcurs ni
auffi diftincts.

V. OBSERVATION. Après avoir introduit
dans ma chambre obfcure un faifceau de
rayons de 3 lignes de diamètre, à 2 ou 3
pieds du trou qui leur donnoit paffage ; je
difpofai un carton noirci des deux côtés, &
dont le milieu avoit une ouverture quarrée
d'environ 9 lignes, deftinée à tranfmettre les
rayons ; derrière cette ouverture, je fixai au

carton avec de la poix la lame d'un couteau
pointu, pour intercepter une partie de la lumière
tranfmife. Les plans du carton & de la lame
du couteau étoient parallèles entre eux &
perpendiculaires aux rayons. Le tout difpofé
de manière que le faifceau folaire étoit entièrement tranfmis, partie tombant fur le couteau,
& partie paffant près du tranchant ; je projetai
celle-ci à deux ou trois pieds au delà fur un
papier blanc, & j'apperçus de petits traits
rayonnants d'une lumière foible, qui de deux
endroits du faifceau s'élançoient dans l'ombre
fous la forme de queues de comètes. Mais
comme la lumière du foleil, projetée fur le
papier, obfcurciffoit fi fort ces foibles traits
qu'ils étoient à peine fenfibles, je fis un petit
trou au milieu du papier pour les projeter fur
un drap noir placé derrière : alors ils parurent
diftinctement. Ils étoient à peu près égaux en longueur, en largeur, & en intenfité. Leur lumière,
au bord qui confinoit au champ du faifceau,
étoit affez forte, l'efpace d'environ 4 ou 5
lignes ; puis elle alloit en s'affoibliffant jufqu'à
s'éteindre tout à fait. La longueur de ces traits
mefurés à 3 pieds du couteau étoit de 6 à 8

pouces ; de forte qu'elle foutendoit au tranchant du couteau un angle de 10 à 14 degrés environ. Cependant j'ai cru les voir quelquefois s'étendre 3 ou 4 degrés plus loin ; mais ils étoient fi foibles qu'il étoit impossible de ne pas s'y méprendre : car m'étant placé au delà de l'extrémité d'un trait, derrière le couteau, le tranchant me réfléchit des rayons, non feulement lorfque mon œil étoit dans la direction des traits, mais lorfqu'il étoit vers la pointe ou le manche du couteau. Le trait rayonnant qui paroiffoit contigu au tranchant du couteau, étoit plus étroit que la frange intérieure, & n'étoit jamais fi étroit que lorfque l'œil fe trouvoit le plus éloigné du faifceau folaire ; de forte qu'il fembloit paffer entre la lumière de la frange intérieure & le tranchant même du couteau. Or la partie qui paffoit le plus près du tranchant fouffroit la plus grande inflexion, quoique le refte ne parût pas fuivre la même loi.

VI. Observation. Auprès de ce couteau j'en plaçai un autre, de manière que leurs tranchants fuffent oppofés parallèlement, & que le faifceau folaire venant à tomber fur les lames pût en partie paſſer entre elles. Lorſque la diſtance de ces tranchants étoit environ la 400ᵉ partie d'un pouce, le trait qui ſortoit de ce faiſceau ſe partageoit par le milieu & laiſſoit une ombre intermédiaire. Cette ombre étoit ſi noire, que la lumière qui paſſoit entre les lames ſembloit toute détournée de l'un ou de l'autre côté. A meſure que les lames s'approchoient, l'ombre devenoit plus large, les traits devenoient auſſi plus courts vers leurs extrémités intérieures & voiſines de l'ombre ; juſqu'à ce que, les tranchants venant à ſe toucher, la lumière diſparut totalement & l'ombre prit ſa place.

De là je conclus que la lumière qui ſouffre le moins d'infléxion s'approche des extrémités intérieures des traits rayonnants, & paſſe à la plus grande diſtance des tranchants ; diſtance d'environ la 800ᵉ partie d'un pouce, lorſque l'ombre commence à paroître entre ces traits. A l'égard du reſte de la lumière qui paſſe à des diſtances toujours moindres des tranchants ; elle s'infléchit de plus en plus, & va vers les parties des traits qui s'éloignent de plus en plus de la lumière directe : car lorſque les lames s'approchent jufqu'à fe toucher, les parties des traits qui font les plus éloignées de la lumière directe s'évanouïſſent les dernières.

VII. OBSERVATION. Dans la V OBSERVATION, les franges n'étoient pas fenfibles, parce qu'elles s'élargiſſoient fi fort à raiſon de la grandeur du trou fait au volet, qu'elles rentroient l'une dans l'autre, & produiſoient, par leur mélange, à l'origine des traits rayonnants, une lumière continue. Mais dans la VI OBSERVATION, à meſure que les lames s'approchoient, & un peu avant que l'ombre intermédiaire devînt fenfible, les franges commencèrent à paroître aux extrémités intérieures des traits à chaque côté du faiſceau ſolaire; trois d'un côté, produites par l'un des tranchants; & trois de l'autre côté, produites par l'autre tranchant. Elles étoient d'autant plus diſtinctes, que les couteaux ſe trouvoient plus éloignés du trou fait au volet, & que ce trou étoit plus petit : de forte que je pouvois même quelquefois diſtinguer de foibles traces d'une quatrième frange. A meſure que les tranchants continuoient à s'approcher, les franges devenoient plus diſtinctes & plus amples jufqu'à ce qu'elles disparurent. L'extérieure disparut d'abord, puis l'intermédiaire, enfin l'intérieure. Après qu'elles se furent toutes évanouïes, & que la raie lumineuse qui étoit au milieu se fut fort étendue, anticipant des deux côtés sur les traits décrits dans la V OBSERVATION, l'ombre ayant commencé à paroître au milieu de cette raie & à la partager en deux, elle alla en augmentant jusqu'à ce que toute la lumière eût disparu. Cette extension des franges étoit si considérable que les rayons, qui pénétroient jusqu'à la frange intérieure, paroissoient environ 20 fois plus infléchis que lorsque cette frange étoit près de disparoître, en retirant l'un des couteaux.

De cette Observation comparée à la précédente, je conclus que la lumière de la première frange passoit à plus d'un 800ᵉ de pouce du tranchant d'un couteau, que celle de la seconde frange passoit à une plus grande distance de ce tranchant, & celle de la troisième à une plus grande distance encore : mais les traits rayonnants des OBSERVATIONS V & VI passoient à de moindres distances, que la lumière d'aucune de ces franges.

VIII. OBSERVATION. Ayant fait affiler & dresser deux couteaux, je les enfonçai par leurs pointes dans une planche, de manière que leurs tranchants croisés fissent un angle rectiligne quelconque. Ensuite je mis de la poix entre les manches, pour rendre cet angle invariable. La distance des tranchants, à 4 pouces de leur point d'intersection, étoit d'un 8e de pouce; l'angle qu'ils formoient avoit donc à très-peu près 1 degré 54 minutes. Les couteaux croisés de la sorte furent exposés, à 10 ou 12 pieds du volet, aux rayons solaires introduits dans la chambre obscure par un trou d'un 42e de pouce : après quoi je plaçai, à 6, 8, 10, ou 12 pouces plus loin, une règle blanche & polie; j'y fis tomber fort obliquement la lumière qui passoit entre les tranchants : & les franges qu'elle produisit se projetèrent parallèlement aux bords de l'ombre des lames, sans devenir sensiblement plus larges, jusqu'à ce qu'elles se rencontrèrent à des angles égaux à l'angle formé par les tranchants. A ce point de concours, elles disparurent sans se croiser. Mais lorsque la règle étoit beaucoup plus distante des couteaux, les franges devenoient un peu plus étroites, ou bien elles s'éloignoient davantage de leur point de concours, s'élargissant toujours à mesure qu'elles s'approchoient l'une de l'autre : puis s'étant rencontrées, elles se croisèrent & s'élargirent encore davantage.

De là je conclus que les distances auxquelles les rayons des franges passent auprès des lames, ne sont ni augmentées ni changées par le rapprochement des tranchants : mais leur inflexion devient beaucoup plus considérable, la lame la plus proche d'un rayon quelconque déterminant de quel côté il doit être infléchi, tandis que l'autre lame en augmente l'inflexion.

IX. OBSERVATION. Lorsque les rayons tomboient fort obliquement sur la règle, à 4 lignes des tranchants ; les deux raies obscures, qui se trouvoient chacune entre la première & la seconde franges de l'ombre de chaque lame, se rencontrèrent à un 5e de pouce des rayons extrêmes transmis entre les lames, à l'endroit où les tranchants se touchoient. Ainsi, la distance des tranchants au point d'intersection des traits obscurs étoit d'une 160e partie de pouce. Car une longueur quelconque des tranchants, mesurée du point de leur concours, eſt à la diſtance entre les tranchants au bout de cette longueur, comme 4 pouces ſont à $\frac{1}{8}$; c'eſt à dire, comme $\frac{1}{5}$ eſt à $\frac{1}{160}$ de pouce. Donc ces raies obſcures ſe rencontrent au milieu de la lumière qui paſſe entre les tranchants à l'endroit où ils ſont à $\frac{1}{160}$ de pouce l'un de l'autre : une partie de cette lumière paſſe donc à $\frac{1}{320}$ de pouce du tranchant de l'une des lames; puis tombant ſur le papier, elle produit les franges de l'ombre de cette lame. Il en eſt de même de la partie qui produit les franges de l'ombre de l'autre lame. Mais ſi on tient le papier à plus de 4 lignes des tranchants, les raies obſcures ſe rencontreront à plus d'un 5e de pouce des rayons extrêmes, tranſmis entre les lames à l'endroit où les tranchants ſe croiſent. La lumière qui tombe ſur le papier à l'endroit où ces raies obſcures ſe rencontrent, paſſe donc entre les tranchants à l'endroit où ils ſont à plus d'un 160e de pouce l'un de l'autre. Car un jour que les couteaux ſe trouvoient à 8 pieds 5 pouces du petit trou fait à la plaque de plomb; la lumière incidente ſur le papier à l'endroit où ſe rencontroient les raies obſcures,

paſſa

paſſa entre les tranchants à l'endroit où leur
diſtance & celle des lames au papier étoient
dans les rapports énoncés par la Table qui
ſuit.

TABLE.

Diſtances du papier aux couteaux, exprimées en pouces.	Diſtances des tranchants, exprimées en millièmes dé pouce.
1 $\frac{1}{2}$........	........0'012
3 $\frac{1}{3}$........	........0'020
8 $\frac{3}{5}$........	........0'034
32........	........0'057
96........	........0'081
131........	........0'087

D'où j'infère que les rayons qui produiſent
les franges projetées ſur le papier, ne ſont
pas les mêmes à différentes diſtances du papier
aux couteaux. Plus cette diſtance eſt petite,
plus les rayons qui produiſent les franges paſſent près des tranchants, plus ils ſouffrent une
inflexion conſidérable.

Tome II.   M

X. OBSERVATION. Lorsque les franges qui bordent l'ombre des lames tombent perpendiculairement sur le papier placé à une plus grande distance, elles ont la forme d'hyperboles : en voici les dimensions. Soient CA, CB, des lignes tracées sur le papier parallèlement aux tranchants des couteaux, & entre lesquelles tomberoit toute la lumière si elle ne souffroit aucune inflexion. Soit DE une ligne droite qui, menée par le point C, rend les angles ACD, BCE égaux entre eux, & termine le champ de toute la lumière qui tombe sur le papier, depuis le point d'intersection des tranchants. Soient *eif*, *fkt*, & *glv*, trois lignes hyperboliques, représentant le terme de l'ombre de l'une des lames, la raie obscure entre la première & la seconde franges de cette ombre, & la raie obscure entre la seconde & la troisième franges. Soient *xip*, *ykq*, & *zlr*, trois autres lignes hyperboliques, représentant les limites de l'ombre de l'autre lame, la raie obscure entre la première & la seconde franges de cette ombre, & la raie obscure entre la seconde & la troisième franges. Supposé que ces trois hyperboles, égales aux trois précé-

Fig. 55.

dentes, les croisent aux points *i*, *k*, & *l*; tandis que les ombres des lames sont terminées & distinguées des premières franges lumineuses par les lignes *eif* & *xip*, jusqu'à ce que ces franges viennent à se rencontrer & à se croiser. Qu'alors ces lignes, en forme de raies obscures, croisent ces franges, couvrant le côté intérieur des premières franges lumineuses, & les séparant d'une lumière étrangère qui commence à paroître en *i*, & qui illumine tout l'espace triangulaire *ip* DE *f* terminé par ces raies obscures & par la ligne droite DE. Or cette ligne DE est une asymptote de ces hyperboles: donc les autres asymptotes sont parallèles aux lignes CA & CB. Maintenant soit *rv* une ligne tirée à volonté sur le papier parallèlement à l'asymptote DE : que cette ligne coupe les droites AC en *m*, BC en *n*, & les 6 raies obscures hyperboliques en *p*, *q*, *r*, *f*, *t*, *v*. Alors, mesurant les distances *pf*, *qt*, *rv*, si vous en déduisez les longueurs des ordonnées *np*, *nq*, *nr*, ou *mf*, *mt*, *mv*; & cela à différentes distances de la ligne *rv* à l'asymptote DE : vous trouverez autant de points de ces hyperboles qu'il vous plaira, & vous vous as fûrérez par là que ces lignes courbes font des hyperboles peu différentes de l'hyperbole conique. Enfin en mefurant les lignes Ci, Ck, Cl, vous pourrez trouver d'autres points de ces courbes. Par exemple, les coûteaux étant à 10 pieds du trôu fait à la plaque de plomb, & le papier étant à 9 pieds des couteaux, l'angle que forment leurs tranchants (auquel l'angle ACB eft égal), étant foutendu par une corde qui foit au demi-diamètre comme 1 à 32; & la diftance de la ligne rv à l'afymptote DE étant d'un demi-pouce; je mefurai les lignes $pf, qt, rv,$ & les trouvai 0'35, 0'65, 0'98 pouces refpectivement. En ajoutant à leurs moitiés la ligne $\frac{1}{2}mn$ (qui étoit ici la 128e partie d'un pouce ou 0'0078 pouces) les fommes np, nq, nr étoient 0'1828, 0'3328, 0'4978 pouces. Je mefurai auffi les diftances des parties les plus brillantes des franges qui s'étendoient entre pq & ft; qr & tv, immédiatement au delà de r & v; & je les trouvai 0'5, 0'8, & 1'17 pouces.

XI. OBSERVATION. Ayant introduit les rayons folaires dans ma chambre obfcure par un petit trou percé avec une épingle dans une plaque de plomb ; je mis un prisme au devant de ce trou pour former sur le mur opposé un spectre ; & je trouvai que les ombres des corps, tour à tour exposés aux rayons hétérogènes du spectre entre le prisme & le mur, étoient bordées de franges de la couleur de ces rayons. Dans les rayons rouges foncés, les franges étoient entièrement rouges ; & entièrement bleues, dans les rayons bleus foncés. De même dans les rayons verts, elles étoient vertes, à un peu de bleu & de jaune près, qui s'y trouvoit mêlé. Or en comparant les franges produites par ces rayons hétérogènes, les rouges se trouvèrent les plus larges ; les violettes, les moins larges ; & les vertes, de moyenne largeur. Car celles dont l'ombre d'un cheveu étoit bordée, ayant été mesurées à travers l'ombre & à 6 pouces du cheveu ; la distance entre la partie moyenne & la plus brillante de la frange à l'un des côtés de l'ombre, & la partie correspondante de la première frange à l'autre côté de l'ombre, étoit dans les rayons rouges foncés $1 \frac{1}{37\frac{1}{2}}$ de

pouce ; & dans les rayons violets foncés , $\frac{1}{46}$
de pouce : tandis que la distance entre les parties
moyennes les plus brillantes des secondes franges aux deux côtés de l'ombre, étoit, dans les
rayons rouges foncés , $\frac{1}{22}$; & dans les violets,
$\frac{1}{27}$ de pouce.

A toutes distances du papier au cheveu,
ces rapports étoient les mêmes sans aucune
variation sensible. Les rayons qui produisoient
les franges rouges passant à une plus grande
distance du cheveu que ceux qui produisoient
les franges violettes correspondantes; le cheveu
agissoit avec la même énergie sur les rayons
rouges qui sont les moins réfrangibles, à une
plus grande distance que sur les violets qui
sont les plus réfrangibles. Ainsi, il formoit de
rayons rouges les plus grandes franges , de
rayons violets les plus petites franges , de rayons
de moyenne réfrangibilité les franges de moyenne
grandeur; & cela sans altérer la couleur d'aucun
de ces rayons.

Lors donc que le cheveu des OBSERVATIONS
I & II exposé à un pinceau de rayons immédiats du soleil, projetoit une ombre bordée de
trois franges colorées; ces couleurs ne prove-

noient d'aucune nouvelle modification que le
cheveu eut communiquée aux rayons : mais
elles tenoient uniquement aux diverses inflexions,
par lesquelles les rayons hétérogènes étoient séparés les uns des autres. Dans le cas actuels,
où les rayons étoient séparés avant de passer
près du cheveu, les rayons les moins réfrangibles étoient infléchis à une plus grande distance
du cheveu ; par là ils formoient trois franges
rouges à une plus grande distance du milieu
de son ombre. Au contraire, les rayons les plus
réfrangibles étoient infléchis à une plus petite
distance du cheveu ; par là ils produisoient
trois franges violettes à une moindre distance
de son ombre. D'autres rayons de moyenne
réfrangibilité, étoient infléchis à des distances
intermédiaires du cheveu ; par là ils produisoient des franges de couleurs intermédiaires
à des distances intermédiaires du milieu de
son ombre. Mais dans la seconde Observation,
où toutes les couleurs se trouvent mélées avec
la lumière blanche qui passe près du cheveu,
ces couleurs sont séparées par les diverses inflexions de leurs rayons respectifs ; & les
franges que chaque éspèce de rayons produit

paroissent toutes ensemble : les intérieures, étant contiguës, ne forment qu'une large frange composée de toutes les couleurs dans leur ordre naturel, le violet au bord de la frange le plus près de l'ombre, le rouge au bord de la frange le plus éloigné de l'ombre, & le bleu, le vert, le jaune au milieu. De même les rayons hétérogènes rangés dans leur ordre & sans interruption forment une seconde, puis une troisième franges. Voilà l'origine des trois franges colorées qui bordent l'ombre de tous les corps, conformément à la II OBSERVATION.

Dans le temps que je m'occupois de ces phénomènes, j'avois dessein de refaire avec plus de soin la plus grande partie des Observations qui précèdent, & même d'en faire de nouvelles, propres à déterminer la manière dont les rayons se plient en passant près des corps pour produire ces franges colorées, & les intervalles obscurs qui les séparent : mais d'autres occupations vinrent à la traverse, & aujourd'hui je ne saurois me résoudre à reprendre cet examen. Puis donc que cette partie de

mon ouvrage reſte imparfaite , je me bornerai
à propoſer quelques Queſtions qui pourront
engager les Phyſiciens à pouſſer plus loin ces
recherches.

QUESTIONS

SERVANT DE CONCLUSION A L'OUVRAGE.

QUESTION I. LES corps n'agiſſent-ils pas
à certaine diſtance ſur la lumière, de manière
à infléchir ſes rayons ; & (toutes choſes d'ailleurs égales) l'énergie de cette action n'aug-
mente-t-elle pas à meſure que la diſtance diminue ?

QUESTION II. Les rayons qui diffèrent
en réfrangibilité, ne diffèrent - ils pas auſſi
en réflexibilité ? Et ſéparés les uns des autres
par leurs différentes inflexions, ne produiſent - ils pas les trois franges colorées que
nous avons décrites ? Mais pour les produire,
comment ſont-ils infléchis ?

QUESTION III. Les rayons qui paſſent le
long d'un corps ne s'infléchiſſent-ils pas plu-

fieurs fois en divers fens, par un mouvement femblable à celui d'une anguille? & nos trois franges colorées ne font-elles pas produites par trois inflexions de cette efpèce?

QUESTION IV. Des rayons incidents fur un corps, ceux qui font réfléchis ou réfractés ne commencent-ils pas par s'infléchir avant de parvenir à ce corps? Et ne font-ils pas infléchis, réfractés, & réfléchis par un feul & même principe, qui agit différemment en diverfes circonftances?

QUESTION V. Les corps & les rayons n'agiffent-ils pas réciproquement les uns fur les autres : les corps, fur les rayons; en les difperfant, en les réfléchiffant, en les réfractant, en les infléchiffant : les rayons, fur les corps; en les échauffant, ou, fi l'on veut, en imprimant à leurs parties ce mouvement de vibration qui conftitue la chaleur?

QUESTION VI. Les corps noirs ne font-ils pas les plus fufceptibles d'être facilement échauffés par la lumière; à raifon de ce que la lumière incidente, au lieu d'être réfléchie au dehors, les pénètre, puis se réfléchit & se réfracte dans leur tissu, jusqu'à ce qu'elle s'y éteigne entièrement ?

QUESTION VII. L'énergie de l'action réciproque de la lumière & des corps sulfureux ne contribue-t-elle pas à l'aptitude de ces corps à s'enflammer le plus promptement de tous, & à brûler avec le plus de violence ?

QUESTION VIII. Les corps fixes, échauffés à certain degré, deviennent lumineux & brillants : cette émission de lumière n'est-elle pas produite par les vibrations de leurs parties ? Et les corps qui abondent en parties terreuses, en parties sulfureuses sur-tout, ne jettent-ils pas de la lumière toutes les fois que ces parties sont suffisamment agitées, par la chaleur, par le frottement, par la percussion, par la putréfaction, par les mouvements vitaux, ou par quelque autre cause ; comme font l'eau de la mer battue par la tempête, le mercure secoué dans le vide, le dos d'un chat frotté à contre-poil, le bois pourri, les poissons putréfiés, les vapeurs qui

(52) s'élèvent des eaux ſtagnantes, le foin ou le bled humide mis en tas & enflammé par la fermentation, les vers luiſants, les yeux de certains animaux agités par la colère, le phoſphore de Boulogne expoſé à la lumière, le phoſphore commun qui éprouve quelque attrition, l'ambre & certains diamants frottés, les particules d'acier détachées par le choc d'une pierre à fuſil, le fer battu à coups de marteau, un eſſieu enflammé par le mouve-ment trop rapide des roues; & les liqueurs dont le mélange excite une vive effervefcence, telles que l'acide nitreux fumant mélé avec le double de ſon poids d'huile d'anis?

De même un globe de verre de 8 à 10 pouces de diamètre, tournant avec rapidité ſur ſon axe, jette de la lumière aux endroits où il frotte contre la paume de la main. Qu'on lui préſente alors un morceau de papier blanc ou le doigt, à quelques lignes de diſ-tance; la matière électrique, excitée par le frottement, ſe portera au papier ou au doigt, avec tant de viteſſe qu'elle les rendra auſſi

_____

(52) On les nomme vulgairement *Feux folets*.

lumineux qu'un ver luisant. Quelquefois en s'élançant du verre, elle frappe assez vivement le doigt pour causer de la douleur. On produit des phénomènes semblables, en frottant avec du papier un gros & long cylindre de verre, jusqu'à ce qu'il soit chaud.

QUESTION IX. Le feu n'est-il pas un corps échauffé au point de jeter de la lumière en abondance ? Que seroit un fer rouge & brûlant, sinon du feu ? Et que seroit un charbon ardent, sinon du bois rouge & brûlant ?

QUESTION X. La flamme n'est-elle pas de la fumée ou de la vapeur échauffée au point d'être ardente, c'est à dire, de la fumée qui a contracté une si grande chaleur qu'elle en est toute brillante de lumière ? Car les corps ne s'enflamment pas sans répandre beaucoup de fumée ; or cette fumée brûle dans la flamme. Les feux folets sont des vapeurs qui brillent sans échauffer. N'y a-t-il pas entre ces vapeurs & la flamme la même différence qu'entre du bois pourri & des charbons ardents ? Lorsqu'on distile quelque liqueur spiritueuse, si on vient à enlever le chapiteau, la vapeur qui s'échappe de l'alambic prendra feu à l'approche d'une chandèle allumée, & se changera en flamme. Il est des corps qui s'échauffent par le mouvement ou la fermentation : si leur chaleur est considérable, ils donneront beaucoup de fumée; & si leur chaleur est violente, cette fumée se changera en flamme. Les métaux fondus (au zinc près) ne s'enflamment pas, faute de donner beaucoup de fumée. Tous les corps qui s'enflamment, comme l'huile, le suif, la cire, le bois, la houille, la poix, le soufre, se dissipent en flamme ou en fumée ardente. Dès que la flamme est éteinte, la fumée devient fort épaisse, & répand quelquefois une odeur très-forte, qu'elle perdoit en brûlant.

La flamme est de différentes couleurs suivant la nature de cette fumée; ainsi, celle du soufre est bleue, celle du cuivre dissous par le sublimé est verte, celle du suif est jaune, & celle du camphre est blanche. Il est clair qu'en traversant la flamme, la fumée ne peut que devenir ardente; or une fumée ardente ne peut avoir qu'une apparence de flamme. Lorsque la poudre à canon prend feu, elle se dissipe en fumée enflammée : car le charbon & le soufre s'allument aisément, & enflamment le nitre ; par ce moyen l'esprit nitreux, réduit en vapeurs, fait explosion, en s'échappant à peu près comme d'un éolipile ; le soufre aussi se réduit en vapeur, & augmente l'explosion. D'un autre côté, l'acide du soufre s'empare avec violence de la base du nitre, dégage l'esprit nitreux, & produit une violente fermentation qui augmente la chaleur : alors la base du nitre se résout en fumée, ce qui rend l'explosion plus forte & plus prompte. On sait qu'un mélange de sel de tartre & de poudre à canon, échauffé au point de prendre feu, produit une explosion plus forte & plus vive que ne feroit la seule poudre à canon : ce qui ne peut venir que de l'action de cette poudre sur le sel de tartre, au moyen de laquelle le sel est réduit en vapeurs. Ainsi, l'explosion de la poudre à canon vient de la violence avec laquelle ses principes, tout à coup fortement échauffés, se résolvent en fumée ; fumée qui, acquérant de la sorte un degré de chaleur très-considérable, paroît sous la forme de flamme.

QUESTION

QUESTION XI. Les corps d'un grand volume ne font-ils pas les plus propres à conferver long temps leur chaleur, parce que leurs parties s'échauffent réciproquement ? Un corps vafte, denfe, & fixe, étant une fois échauffé à certain point, ne peut-il pas jeter tant de lumière, que par l'émiffion & la réaction des rayons, par les réflexions & les réfractions qu'ils fouffrent dans fon tiffu, il acquière continuellement de la chaleur jufqu'à égaler celle du foleil ?

Les étoiles fixes & le foleil ne font-ils pas de vaftes globes violemment échauffés, dont la chaleur fe conferve par la grandeur de leur maffe, par l'action & la réaction réciproque de leurs parties & de la lumière qu'elles répandent ; ces parties ne pouvant d'ailleurs fe diffiper en fumée, à raifon de leur fixité & furtout de la denfité extrême ou du poids énorme des atmofphères, qui les compriment de tous côtés & qui condenfent leurs exhalaifons ?

On voit l'eau, peu échauffée, bouillir dans le vide avec autant de violence qu'elle feroit en plein air fur un bon feu : or en plein air, le poids de l'atmofphère comprime les vapeurs, & empêche l'eau de bouillir avant d'avoir acquis un degré de chaleur plus confidérable que celui qu'exige fon ébullition dans le vide.

De même un mélange de plomb & d'étain fondus, verfé fur un fer rouge, jette de la fumée & de la flamme dans le vide; mais en plein air, il ne s'en élève vifiblement aucune vapeur, à caufe de la preffion de l'air ambiant.

C'eft ainfi que le poids énorme de l'atmofphère du foleil peut empêcher les corps de s'y diffiper en vapeurs, à moins que la chaleur qu'ils y éprouvent ne foit incomparablement plus forte que celle qui, à la furface de la Terre, fuffiroit pour les réduire en vapeurs. Ce poids peut auffi condenfer les exhalaifons formées de la fubftance même du foleil au moment où elles commencent à s'élever, & les faire retomber auffi tôt; ce qui doit augmenter la chaleur de l'aftre, à peu près de la même manière que l'air augmente le feu de nos cheminées. Enfin ce poids peut empêcher que le foleil ne faffe aucune déperdition de fubftance, fi ce n'eft par l'émiffion de fa lumière & par une très-légère évaporation.

QUESTION XII. Les rayons incidents sur le fond de l'œil n'excitent-ils pas dans la rétine des vibrations qui, propagées le long des fibres des nerfs optiques jusqu'au cerveau, causent les sensations de la vue ? Puisque les corps denses conservent long temps leur chaleur, & que les plus denses la conservent le plus long temps ; il paroît que les vibrations de leurs parties, naturellement durables, peuvent se propager à une grande distance le long des fibres d'une matière dense & homogène, pour transmettre au cerveau les impressions des objets sur les organes des sens. Or un mouvement qui peut durer long temps dans une même partie d'un corps, peut aussi se propager au loin d'une partie à une autre ; pourvu que le corps soit assez homogène, pour que le mouvement ne soit ni réfléchi, ni troublé, ni interrompu par quelque inégalité de substance.

QUESTION XIII. Les rayons hétérogènes ne produisent-ils pas des vibrations de grandeurs différentes, & ces vibrations n'excitent-elles pas les sensations des différentes couleurs ; à peu près de la même manière que les vibrations de l'air caufent, à raifon de leurs grandeurs différentes, les fenfations des différents fons? Et les rayons les plus réfrangibles ne produifent-ils pas les plus courtes vibrations, pour exciter la fenfation du violet foncé? les moins réfrangibles ne produifent-ils pas les plus longues vibrations, pour exciter la fenfation du rouge foncé? & les différentes efpèces de rayons intermédiaires ne produifent-elles pas les vibrations de différentes grandeurs intermédiaires, pour exciter les fenfations des différentes couleurs intermédiaires?

QUESTION XIV. L'harmonie & la difcordance des couleurs ne peuvent-elles pas venir du rapport des vibrations propagées jufqu'au cerveau par les fibres des nerfs optiques; de même que l'harmonie & la diffonance des tons viennent du rapport des vibrations de l'air? Il eft certaines couleurs qui s'affortiffent fort bien, comme celle de l'or & de l'indigo; d'autres qui ne s'affortiffent pas du tout.

QUESTION XV. Les images des objets vus immédiatement ne s'uniffent-elles pas à l'endroit où les nerfs optiques se rencontrent, avant d'entrer dans le cerveau? On sait que les fibres du côté droit de ces nerfs s'y réunissent, & vont ensuite au cerveau par le nerf du côté droit de la tête ; tandis que les fibres du côté gauche de ces nerfs, s'y réunissant aussi, vont ensuite au cerveau par le nerf du côté gauche de la tête : de sorte que ces nerfs se trouvent tellement unis dans le cerveau, que leurs fibres n'y tracent qu'une seule image. De cette image, la moitié qui est du côté droit du *sensorium*, vient donc du côté droit des yeux par le côté droit des nerfs optiques ; de même que la moitié qui est du côté gauche du *sensorium*, vient du côté gauche des yeux par le côté gauche des nerfs optiques. Car ces nerfs, dans les animaux qui regardent d'un seul côté avec les deux yeux (comme font l'homme, le chien, le mouton, le bœuf, &c.), se réunissent avant d'entrer dans le cerveau : au lieu que dans les animaux qui ne regardent pas d'un seul côté avec les deux yeux (comme font les poissons & le caméléon), ils ne se réunissent pas avant d'entrer dans le cerveau, ainsi qu'on l'assûre.

QUESTION XVI. Quand on est dans l'obscurité, si on comprime du doigt le coin de l'œil, en tournant le globe du côté opposé, on verra un cercle de couleurs semblables à celles qui paroissent sur la queue du paon : alors si l'œil & le doigt restent immobiles, ces couleurs disparoîtront au bout d'une seconde; mais si on agite le doigt d'un mouvement tremblottant, elles reparoîtront de nouveau. Ces couleurs ne viendroient-elles pas des mouvements excités au fond de l'organe par l'agitation & la pression du doigt? Et ces mouvements ne seroient-ils pas semblables à ceux que la lumière y excite pour produire la vision? Une fois excités, ne durent-ils pas environ une seconde avant de s'éteindre?

Quand on reçoit un coup sur l'œil, on voit un éclat de lumière ; ce coup ne produit-il pas de semblables mouvements sur la rétine?

Un charbon embrasé, que l'on tourne rapidement, décrit en apparence un cercle de feu ; ce phénomène ne viendroit-il pas de ce que les mouvements, excités au fond de l'œil par la lumière que jette le charbon, durent jusqu'à ce qu'il soit revenu à chaque révolution au point d'où il étoit parti? Vu leur durée, ces mouvements ne font-ils pas des efpèces de vibrations?

QUESTION XVII. Lorfqu'on jette une pierre dans un baffin, les ondulations qu'elle excite à la furface de l'eau continuent quelque temps à fe former à l'endroit de la chute, d'où elles fe propagent au loin en cercles concentriques : les vibrations excitées dans l'air par la percuffion continuent auffi quelque temps de fe propager au loin en cercles concentriques, depuis le point de percuffion. De même lorfqu'un rayon vient à tomber à la furface d'un corps tranfparent, qui le réfracte ou le réflechit, ne peut-il pas exciter des ondulations au point d'incidence dans le milieu réfringent ou réfléchiffant? & ces ondulations ne peuvent-elles pas continuer à fe propager de ce point auffi long temps qu'elles continuent à fe propager au cerveau, lorfqu'elles font excitées au fond de l'œil par la preffion ou l'agitation du doigt, ou par la lumière qui émane du charbon embrafé mu circulairement? Or ces vibrations propagées du point d'inci-

dence à de grandes diſtances, n'atteignent-
elles pas ſucceſſivement les rayons de lumière,
& ne leur communiquent-elles pas de la ſorte
*les accès de facile réflexion & de facile tranſ-
miſſion* dont nous avons traité ? Car il eſt in-
conteſtable que, ſi les rayons font effort pour
s'éloigner de la partie la plus denſe de la
vibration, ils peuvent être alternativement ac-
célérés & retardés par les vibrations qui les
atteignent.

QUESTION XVIII. Après avoir ſuſpendu
deux petits thermomètres au milieu de deux
vaſes de verre cylindriques longs & larges, ſi
on fait le vide dans l'un de ces vaſes, & ſi
on les tranſporte enſuite tous deux d'un lieu
froid en un lieu chaud; le thermomètre placé
dans le vide montera au même point, &
preſque auſſi promptement que l'autre thermomètre ; puis il baiſſera preſque auſſi tôt, ſi on
reporte les deux vaſes au lieu froid. Dans le
premier cas, la chaleur n'eſt-elle pas communiquée à travers les parois du verre par les
vibrations d'un milieu très - ſubtil, qui reſte
dans le vaſe après qu'on en a pompé l'air ?

Ce milieu n'eſt-il pas le même que celui qui réfracte & réfléchit la lumière, qui la met dans des *accès de facile réflexion & de facile tranſmiſſion*, & qui par ſes vibrations échauffe les corps au foyer d'un miroir ardent? Les vibrations de ce milieu ne contribuent-elles pas à la violence & à la durée de la chaleur qu'elles ont excitée? Et les corps chauds ne communiquent-ils pas leur chaleur aux corps froids contigus, par les vibrations de ce milieu propagées des premiers aux derniers? Ce milieu n'eſt-il pas encore incomparablement plus rare, plus ſubtil, plus élaſtique, & plus actif que l'air? ne pénètre-t-il pas promptement tous les corps? & en vertu de ſon élaſticité, n'eſt-il pas répandu dans la vaſte étendue des cieux?

QUESTION XIX. La réfraction de la lumière ne vient-elle pas de la différente denſité que ce milieu éthéré auroit dans les diverſes régions de l'eſpace qu'il occupe, la lumière s'éloignant toujours des parties les plus denſes? & ſa denſité n'eſt-elle pas plus grande dans les eſpaces vides d'air ou d'autres fluïdes groſ-ſiers, que dans les pores de l'eau, du verre, du criftal, des pierres précieufes, & autres corps compactes ? Il femble qu'on pourroit l'inférer de ce que la lumière, traverfant une plaque de verre ou de criftal & tombant fort oblique-ment fur la dernière furface, eft totalement réfléchie. Or cette réflexion totale doit plus tôt venir de la denfité & de la force, que de la rareté & de la foibleffe du milieu qui eft au delà de cette furface.

QUESTION XX. Ce milieu éthéré, paf-fant de l'eau, du verre, du criftal, ou d'autres corps denfes & compactes, dans des efpaces libres, ne devient-il pas graduellement plus denfe ? par ce moyen ne réfracte-t-il pas les rayons de lumière, non dans un point, mais en les pliant peu à peu en lignes courbes ? La condenfation graduelle de ce milieu ne s'étend-elle pas à quelque diftance des corps, & ne produit-elle pas les inflexions des rayons de lumière qui paffent près de la circonférence de ces corps ?

QUESTION XXI. Ce milieu n'eft-il pas plus rare dans la fubftance compacte du foleil,

des étoiles, des planètes, & des comètes,
que dans les espaces libres qui les séparent ?
En s'éloignant de ces corps ne devient-il pas
continuellement plus dense, & ne produit-il
pas ainsi la gravitation réciproque de ces vastes
corps, & celle de leurs parties respectives
vers un centre particulier, chaque corps ten-
dant de la partie la plus dense vers la plus
rare du milieu ? Car si ce milieu est plus rare
au dedans du globe du soleil qu'à la surface,
& plus rare à la surface qu'à un centième de
pouce de distance, & infiniment plus rare
encore que dans l'orbe de Saturne ; je ne vois
pas pourquoi cet accroissement de densité fini-
roit à un point déterminé, & ne s'étendroit
pas à toutes distances depuis le soleil jusqu'à
Saturne & au delà. Quoique cet accroissement
de densité puisse se faire par degrés insensibles
à de grandes distances ; néanmoins si la force
élastique du milieu est extrême, elle peut suf-
fire pour pousser les corps des régions les plus
denses vers les plus rares, avec ce mouvement
accéléré que nous nommons *gravitation*. Que
la force de ce milieu soit excessive, c'est ce
qu'on peut inférer de la vitesse de ces vibra-

tions. Le son parcourt environ 1140 pieds par seconde, & environ 100 milles en 7 ou 8 minutes. La lumière, tranfmife du Soleil à la Terre en 7 ou 8 minutes, parcourt donc alors à peu près 70,000,000 de milles (53); la parallaxe horizontale du foleil étant fuppofée environ de 12 fecondes. Mais les vibrations de ce milieu ne pourroient produire les *accès alternatifs de facile tranfmiffion & de facile réflexion*, qu'autant qu'elles feroient plus promptes que le mouvement de la lumière, c'eft à dire, 700,000 fois plus promptes que celui du fon. Donc la force élaftique de ce milieu doit être, à raifon de fa denfité, au delà de 700,000 × 700,000, (c'eft à dire, au delà de 490,000,000,000) de fois plus grande, que n'eft la force élaftique de l'air à raifon de fa denfité. Car les viteffes des vibrations des milieux élaftiques font en raifon fous-doublée des élafticités & des raretés (prifes enfemble) de ces milieux.

Comme l'attraction a plus d'énergie dans les petits que dans les grands aimants, eu égard à leur

_____

(53) Toutes les mefures dont il s'agit ici, font angloifes.

maſſe ; que la gravité eſt plus grande aux ſurfaces des petites planètes qu'aux ſurfaces des grandes, eu égard à leur maſſe ; & que les petits corps ſont beaucoup plus agités par l'attraction électrique que les grands corps : de même la petiteſſe des rayons de lumière peut extrêmement contribuer à l'énergie de la puiſſance qui les réfracte. Ainſi, en ſuppoſant que l'éther ſoit compoſé, comme l'air, de particules qui tendent à s'écarter les unes des autres (car j'ignore ſa nature), & que ſes particules ſoient incomparablement plus petites que celles de l'air ou même que celles de la lumière ; l'exceſſive petiteſſe de ces particules peut contribuer à la grandeur de la force, en vertu de laquelle elles s'écarteront les unes des autres, & formeront un milieu exceſſivement plus rare & plus élaſtique que l'air, par conſéquent exceſſivement moins propre à réſiſter au mouvement des corps projetés, & exceſſivement plus capable de comprimer les corps peſants par l'effort qu'il fait pour ſe dilater.

QUESTION XXII. Les planètes, les comètes, & tous les corps maſſifs ne ſe meuvent-ils pas

plus librement dans ce milieu éthéré, que dans
un fluide qui rempliroit exactement tout l'espace sans laisser d'interstices ; fluide qui seroit
par conséquent plus dense que le mercure ou
l'or ? & la résistance de ce milieu ne peut-elle
pas être si petite qu'elle devienne de nulle
considération ? Par exemple, si cet éther (car
c'est ainsi que je le nomme) étoit 700,000
fois plus élastique, & au delà de 700,000
fois plus rare que l'air; sa résistance seroit plus
de 600,000,000, de fois moindre que celle
de l'eau. A peine une pareille résistance cau-
seroit-elle, au bout de mille ans, quelque
altération sensible au mouvement des planètes.
Si quelqu'un me demandoit comment ce milieu
pourroit être aussi rare : je lui demanderois à
mon tour comment au haut de l'athmosphère
l'air peut être 100,000 fois plus rare que l'or :
je lui demanderois comment l'attrition peut
faire émaner d'un corps électrique une matière
si énergique, mais si rare & si subtile, qu'elle
ne cause aucune diminution marquée dans le
poids de ce corps, & qu'en se disséminant
tout au tour elle devienne capable d'attirer
une feuille d'or à plus d'un pied de distance :

je lui demanderois encore comment les émanations magnétiques peuvent être assez rares & assez subtiles, pour traverser une plaque de verre, sans éprouver de résistance, sans s'affoiblir ; & néanmoins assez énergiques, pour faire tourner une aiguille aimantée.

QUESTION XXIII. La vision ne dépend-elle pas principalement des vibrations de ce milieu, excitées au fond de l'œil par les rayons de lumière, & propagées jusqu'au *sensorium* par les fibrilles solides, diaphanes, & homogènes des nerfs optiques? Et l'ouïe ne dépend-elle pas des vibrations de ce milieu (ou de quelque autre), excitées dans les nerfs acoustiques par les vibrations de l'air, & propagées jusqu'au *sensorium* par les fibrilles solides, diaphanes, & homogènes de ces nerfs? Ainsi des autres sens.

QUESTION XXIV. Les mouvements musculaires ne dépendent-ils pas des vibrations de ce milieu, excitées dans le cerveau par la volonté, & propagées par les fibrilles solides, diaphanes, & homogènes des nerfs, jusqu'aux muscles qu'elles dilatent ou contractent ? Je suppose chaque fibrille nerveuse, solide, homogène, & configurée de façon à propager d'un bout à l'autre, uniformément & sans interruption, les vibrations du milieu éthéré ; car les obstructions des nerfs produisent des paralysies : & afin qu'on n'objecte pas le défaut d'homogénéité suffisante, je les suppose diaphanes chacune séparément, quoique les réflexions qui ont lieu à leurs surfaces puissent faire paraître blanc & opaque le nerf qu'elles composent ; l'opacité venant des surfaces réfléchissantes, disposées de façon à troubler ou interrompre les mouvements de ce milieu éthéré.

QUESTION XXV. Les rayons de lumière n'ont-ils pas d'autres propriétés essencielles, différentes de celles que j'ai déja fait connoître ? Il paroît qu'on peut se décider pour l'affirmative d'après l'examen de la réfraction du cristal d'Islande, décrit par Erasme Bartholin, & plus exactement par (54) Huygens.

Le cristal d'Islande est une substance dia-

_____

(54) Dans son Traité de la lumière.

phane,

phane, acolore, facile à se fendre, susceptible
d'incandescence sans perdre sa diaphanéité,
calcinable, mais infusible à un feu violent. Ce
cristal, trempé dans l'eau un ou deux jours,
perd son poli naturel; frotté sur du drap, il
attire les corps légers, comme font l'ambre
& le verre; il entre en effervescence avec l'acide
nitreux; on le prendroit pour une espèce de
talc. Sa figure est celle d'un parallélipipède Fig. 57.
oblique, à six côtés & à huit angles. Les angles
obtus des parallélogrammes sont de 101° 52′;
& les aigus, de 78° 8′. Deux des angles
opposés, comme C & E, sont composés chacun
de trois de ces angles obtus; les six autres sont
composés chacun de deux angles aigus & d'un
obtus. Ce cristal ne se fend qu'en lames parallèles à l'un de ses côtés. La surface polie qui
résulte de sa fissure, au lieu d'être parfaitement plane, offre quelques petites inégalités.
Comme il est fort tendre, il se sillonne aisément : on le polit avec difficulté, mais beaucoup
mieux sur une glace que sur un plan de métal;
peut-être se poliroit-il mieux encore sur de la
poix, du cuir, ou du parchemin. Pour remplir
les petits sillons qui restent à sa surface & pour

le rendre très-transparent, il faut le frotter avec de l'huile ou du blanc d'œuf : au surplus, il n'est pas toujours nécessaire de le polir pour s'en servir à des expériences.

Si on pose un morceau de ce cristal sur un livre, chaque lettre vue à travers paroitra double, en vertu d'une double réfraction. Si un trait de lumière tombe perpendiculairement ou obliquement sur l'une des surfaces du cristal, il se partagera en deux traits, en vertu du même principe. Ces deux traits sont de la même couleur que le trait incident, & paroissent à peu près égaux en quantité de lumière. L'une des réfractions de ce cristal se fait suivant les règles ordinaires de l'Optique, le sinus d'incidence étant au sinus de réfraction comme 5 à 3. Quant à l'autre réfraction, qui peut être appelée *réfraction extraordinaire*, elle se fait selon la règle suivante.

Fig. 57. Soit ADBC, une première surface réfringente du cristal; C, le plus grand angle de cette surface; GEHF, la surface opposée; & CK, une perpendiculaire à la dernière surface, fesant avec le bord CF du cristal un angle de 19° 3'. Cela posé, après avoir joint KF, prenez KL; de sorte que l'angle KCL ait 6° 40'; & l'angle LCF, 12° 23'. Maintenant que ST représente un trait quelconque de lumière, tombant en T sur la surface réfringente ADBC, sous un angle quelconque; & soit TV le trait réfracté suivant les règles ordinaires de l'Optique d'après le rapport de 5 à 3 des sinus. Or si vous tirez la ligne VX égale & parallèle à KL, de manière que depuis V elle soit couchée du même côté que L est couchée depuis K, & qu'elle soit jointe à TX; TX sera l'autre trait réfracté de T en X par la réfraction extraordinaire.

Donc si le trait incident ST est perpendiculaire à la surface réfringente; les deux traits TV & TX, dans lesquels il se partage, seront parallèles aux lignes CK & CL: l'un d'eux TV traversant perpendiculairement le cristal, comme il le doit suivant les règles ordinaires de l'Optique; l'autre TX divergeant de la perpendiculaire en vertu d'une réfraction extraordinaire, & fesant avec cette ligne un angle VTX d'environ 6° 40', comme l'Expérience le prouve. Dès lors le plan VTX, & tels autres plans parallèles au plan CFK, peuvent être nommés *les plans à réfraction perpendiculaire* ; tandis que le côté vers lequel les lignes KL & VX font tirées, peut être nommé *la face à réfraction extraordinaire*.

Le criftal de roche a de même une double réfraction, mais beaucoup moins marquée.

Lorfque le trait de lumière ST, tombant fur le criftal d'Iflande, eft partagé en deux traits TV & TX, & que ces traits parviennent à la dernière furface du criftal ; le trait TV, qui a été réfracté à la première furface fuivant les lois ordinaires, fera auffi réfracté fuivant les mêmes lois à la feconde furface ; au lieu que le trait TX, qui a été réfracté à la première furface d'une manière extraordinaire, fera auffi réfracté d'une manière extraordinaire à la feconde furface : de forte que ces deux traits fortiront de la feconde furface en lignes parallèles au trait incident ST. Au furplus, fi deux morceaux de criftal d'Iflande font placés de façon que toutes les furfaces de l'un foient parallèles aux furfaces correfpondantes de l'autre : les rayons réfractés de la manière ordinaire à la première furface, le feront de la manière ordinaire à toutes les surfaces suivantes ; tandis que les rayons réfractés de la manière extraordinaire à la première surface, le feront de la manière extraordinaire à toutes les surfaces suivantes. De quelque manière que les surfaces des cristaux soient inclinées entre elles, les mêmes phénomènes auront lieu, pourvu que les plans à réfraction perpendiculaire soient parallèles entre eux.

Il y a donc entre les rayons de lumière une différence essencielle, en vertu de laquelle les uns sont constamment réfractés de la manière ordinaire, les autres de la manière extraordinaire. Car si cette différence étoit accidentelle, & provenoit de quelque modification communiquée aux rayons lors de leur première réfraction ; elle seroit altérée par de nouvelles modifications lors des trois réfractions suivantes. Mais puisque cette différence est constante pour tous les rayons & dans toutes les réfractions, la réfraction extraordinaire est l'effet d'une propriété essencielle aux rayons.

Reste à examiner si les rayons n'ont pas d'autres propriétés essencielles que celles qui ont été découvertes jusqu'ici.

QUESTION XXVI. Les rayons de lumière n'ont-ils pas dés côtés doués de propriétés effenciellement différentes? On peut le croire : car fi les plans à réfraction perpendiculaire du fecond criftal coupent à angles droits les plans à réfraction perpendiculaire du premier criftal ; les rayons qui font réfractés de la manière ordinaire en traverfant celui-ci, feront tous réfractés de la manière extraordinaire en traverfant celui-là ; & réciproquement. Ces phénomènes ne tiennent donc pas à des rayons de nature à fe réfracter conftamment & en toutes fortes de circonftances, les uns de la manière ordinaire, les autres de la manière extraordinaire. Les deux efpèces de rayons dont il s'agit dans l'Expérience de la QUESTION XXV, ne différoient que par la fituation de leurs côtés, relativement aux plans à réfraction perpendiculaire. Et dans l'Expérience qui fait le fujet de l'article actuel, un feul & même rayon fe réfracte quelquefois de la manière ordinaire, quelquefois de la manière extraordinaire, fuivant la pofition de fes côtés relativement aux faces des criftaux. Mais fi le côté du rayon oppofé à la face à réfraction

extraordinaire du premier criftal, eft à 90 degrés
du côté du même rayon oppofé à la face à
réfraction extraordinaire du fecond criftal (ce
qui peut être effectué en variant la pofition de
l'un des criftaux par rapport à l'autre, conféquemment par rapport aux rayons); alors les
rayons feront différemment réfractés par ces
criftaux. Pour déterminer, fi les rayons incidents fur le fecond criftal doivent être réfractés
de la manière ordinaire ou extraordinaire, il
ne faut que le tourner de façon que la face
à réfraction extraordinaire foit d'un côté ou de
l'autre du rayon. Ainfi, chaque rayon peut
être cenfé avoir quatre côtés, dont deux oppofés
entre eux le difpofent à être réfracté de la
manière extraordinaire, toutes les fois que l'un
ou l'autre eft tourné vers la face à réfraction
extraordinaire ; tandis que les deux autres lui
permettent d'être réfracté de la manière ordinaire, lors même qu'un feul eft tourné vers
la face à réfraction extraordinaire : les deux
premiers peuvent donc fe nommer *les côtés à
réfraction extraordinaire*. Mais ces difpofitions
fe trouvoient dans les rayons avant qu'ils vinf-
fent à tomber fur les feconde, troifième, &

quatrième furfaces des deux criftaux ; puifqu'elles ne reçoivent aucune altération (du
moins en apparence) par les réfractions des
rayons à ces furfaces : & comme leurs réfractions aux quatre furfaces fuivent les mêmes
lois, il eft évident que ces difpofitions font
effencielles aux rayons, qu'elles ne font nullement altérées par la première réfraction, &
qu'elles feules font que les rayons fe réfractent
à la première furface du premier criftal ; les
uns, de la manière ordinaire ; les autres, de la
manière extraordinaire ; fuivant que leurs côtés
à réfraction extraordinaire fe trouvent alors
tournés vers la face à réfraction extraordinaire
du criftal, ou latéralement.

Chaque rayon de lumière a donc deux côtés oppofés, doués d'une propriété effencielle, d'où dépend la réfraction extraordinaire, & deux autres
côtés qui n'ont pas cette propriété ; voyons fi, en
vertu de quelque propriété encore inconnue, les
côtés des rayons ne différeroient pas entre eux.

En montrant la différence de leurs côtés,
j'ai fuppofé que les rayons tomboient perpendiculairement fur le premier criftal. Mais quoiqu'ils viennent à y tomber obliquement, les

phénomènes ne changent point : les rayons réfractés de la manière ordinaire dans le premier cristal, sont réfractés de la manière extraordinaire dans le second ; *les plans à réfraction perpendiculaire* supposés entre eux à angles droits comme dans le cas précédent. Au contraire, si *les plans à réfraction perpendiculaire* des deux cristaux n'étoient ni parallèles ni perpendiculaires l'un à l'autre, & fesoient un angle aigu ; les deux traits de lumière émergents du premier cristal se feroient partagés chacun en deux à leur entrée dans le second cristal : alors les rayons de chacun de ces traits auroient, les uns leurs côtés à réfraction extraordinaire, les autres leurs côtés à réfraction ordinaire, tournés vers *la face à réfraction extraordinaire* du second cristal.

QUESTION XXVII. Les hypothèses inventées jusqu'ici pour expliquer les phénomènes de la lumière, par de nouvelles modifications, ne sont-elles pas toutes sans fondement ; puisque ces phénomènes dépendent de propriétés essencielles & immuables des rayons ?

QUESTION XXVIII. Les hypothèses qui

font confifter l'action de la lumière en une preffion, ou en un mouvement propagé à travers un milieu fluïde, ne font-elles pas toutes erronnées ; puifque d'après ces hypo-thèfes on a expliqué jufqu'ici les phénomènes de la lumière par de nouvelles modifications que re-cevoient les rayons, ce qui eft évidemment faux ?

Si l'action de la lumière confiftoit en une preffion propagée fans mouvement de tranf-port, elle ne feroit capable ni d'agiter ni d'échauffer les corps qui la réfractent ou qui la réfléchiffent. Si la lumière agiffoit par une preffion, ou par un mouvement propagé inf-tantanément à des diftances prodigieufes ; il faudroit que chacun de fes globules eût à chaque inftant une force infinie pour produire un paréil mouvement. D'une autre part, fi elle agiffoit par une preffion, ou par un mouve-ment propagé inftantanément ou fucceffivement à travers un milieu fluïde ; fes rayons s'infléchi-roient autour des corps plongés dans ce milieu, & tombèroient fur l'ombre : car nulle preffion, nul mouvement ne peut fe propager en ligne droite au delà d'un obftacle propre à le détruire en tout ou en partie.

La gravitation est une tendance de haut en bas : mais la pression de l'eau qui gravite se fait en tous sens avec la même énergie ; elle se propage avec autant de facilité latéralement qu'inférieurement, & dans des conduits tortueux que dans des conduits rectilignes. Les ondes excitées à la surface d'une eau tranquile, venant à passer le long d'un corps de certaine étendue qui les arrête en partie, se replient peu à peu derrière ce corps. Les ondulations de l'air qui forment le son se replient de même très-certainement, quoiqu'elles se replient moins que celles de l'eau : car le son d'une cloche ou d'un canon peut se faire entendre au delà d'une colline interposée ; & un son quelconque se propage aussi promptement à travers des tuyaux recourbés qu'à travers des tuyaux droits. Au lieu qu'on n'a jamais vu la lumière suivre des routes tortueuses, & se plier derrière le corps qui fait ombre : car les étoiles fixes disparoissent tout à coup par l'interposition des planètes ; comme les parties du soleil disparoissent tout à coup par l'interposition de la Lune, de Mercure, ou de Vénus. Il est vrai que les rayons, passant le long d'un corps, s'infléchissent un peu, comme je l'ai fait voir plus haut : mais cette inflexion ne fe fait pas vers l'ombre, elle fe fait du côté oppofé, & feulement lorf-que les rayons paffent à une très-petite diftance du corps, après quoi ils fe propagent en ligne droite.

Huygens eft le feul encore (du moins que je fache) qui ait effayé d'expliquer la réfraction extraordinaire du criftal d'Iflande par une preffion ou par un mouvement propagé (55). Il fuppofoit à cet effet, au dedans du criftal, deux *différentes émanations d'ondes de lumière* : mais lorfqu'il eut remarqué comment fe font les réfractions aux furfaces de deux morceaux fuperpofés de ce criftal, & qu'il les eut trou-vées telles que je les ai décrites ; il convint qu'il lui étoit impoffible d'en rendre raifon. Car des preffions, ou des mouvements pro-pagés d'un corps lumineux, doivent être égaux de tous côtés : au lieu qu'il paroît, par les Expériences faites fur deux criftaux, que les différents côtés des rayons de lumière n'ont pas les mêmes propriétés. Huygens foupçonnoit

_____

(55) Voyez fon TRAITÉ DE LA LUMIÈRE, pag. 58, édit. de Leyde de 1690.

que les ondes de l'éthèr, paſſant par le premier criſtal, acquéroient certaines modifications qui pouvoient les déterminer à être propagées au delà du ſecond criſtal. Mais il ne
put déterminer ces modifications, ni rien
imaginer de ſatisfeſant à cet égard, comme
il le déclare lui-même (56). S'il avoit ſu que
la réfraction extraordinaire dépend des diſpoſitions eſſencielles & immuables des rayons,
il auroit trouvé tout autant de difficulté à
expliquer comment ces modifications, qu'il
croyoit communiquées aux rayons par le premier criſtal, pouvoient s'y rencontrer avant leur
incidence, & en général comment tous les
rayons pouſſés par des corps lumineux peuvent
avoir originairement ces diſpoſitions. Du moins
ſemble-t-il que la choſe ſoit tout à fait inex-
plicable, dans l'hypothèſe qui fait conſiſter
l'action de la lumière en une preſſion ou un
mouvement propagé à travers l'éther.

Il n'eſt pas moins difficile d'expliquer par
cette hypothèſe, comment les rayons peuvent
être tour à tour dans des *accès de facile ré-*

_____

(56) Traité *de la Lumière*, ch. 5, pag. 9.

flexion & de facile transmission. Peut-être imaginera-t-on dans l'espace deux milieux éthérés, ayant chacun leurs vibrations particulières. Peut-être supposera-t-on encore que les vibrations de l'un constituent la lumière ; & que les vibrations de l'autre, étant plus rapides, mettent les premières dans ces accès toutes les fois qu'elles les atteignent. Mais comment concevoir deux éthers, agissant & réagissant l'un sur l'autre, & tous deux répandus dans l'espace, sans retarder, confondre, affoiblir, ou éteindre leurs mouvements réciproques ? D'ailleurs ces fluides, dont on suppose remplie la vaste étendue des cieux, ne sauroient s'accorder avec les mouvements réguliers & constants des planètes & des comètes, qui ont lieu en tous sens, à moins que ces fluides ne fussent assez rares pour ne leur opposer aucune résistance marquée. Les espaces célestes sont donc privés de toute matière sensible : car la résistance des milieux fluides vient de l'attrition de leurs parties, & de leur force d'inertie, force commune à toute matière. Dans un corps sphérique, la résistance qui résulte de l'attrition des parties est, à très-peu près,

comme le diamètre ou le produit du diamètre
par la vitesse de ce corps ; tandis que la résistance qui résulte de la force d'inertie est
comme le quarré de ce produit. C'est par la
différence de ces rapports que ces résistances
dans un milieu quelconque peuvent être distinguées l'une de l'autre. Cette distinction une
fois établie, on trouvera que la résistance des
corps de certain volume, qui se meuvent avec
certaine vitesse dans l'air, dans l'eau, dans le
mercure, &c, vient presque uniquement de
la force d'inertie des parties de ces milieux.

La résistance d'un milieu, provenant de
l'adhésion ou de l'attrition des parties, peut
être diminuée en les divisant & en les rendant plus lisses : au lieu que la résistance
provenant de la force d'inertie est proportionnelle à la densité de ce milieu, & ne peut
être diminuée qu'en le rendant plus rare.
Ainsi, la densité des fluides est, à très-peu près,
proportionnelle à leur résistance. Les liqueurs
qui ne diffèrent pas beaucoup en densité, comme
l'eau, l'esprit de vin, l'esprit de térébenthine,
l'huile chaude, &c, ne diffèrent pas non plus
beaucoup en résistance. L'eau, treize ou qua-

torze fois plus légère que le mercure, est
treize ou quatorze fois plus rare : aussi sa
résistance est-elle proportionnellement plus petite
ou à peu prés, comme je l'ai reconnu par diverses Expériences faites sur des pendules. Au
bas de l'atmosphère, l'air est huit ou neuf-cents
fois plus léger que l'eau, conséquemment huit
ou neuf-cents fois plus rare : sa résistance suit
la même proportion, comme je l'ai pareillement reconnu par diverses Expériences faites
sur des pendules. Dans un air plus rare, la
résistance est encore moindre. Enfin à force de
raréfaction, elle devient insensible : des floccons
de duvet, qui gravitent en plein air, y éprouvent une grande résistance; mais dans un long
tuyau de verre bien purgé d'air, ils tombent
avec la même vitesse que le plomb : j'en ai
souvent fait l'épreuve. Par où il semble que
la résistance & la densité d'un fluide diminuent
toujours dans la même proportion. Du moins
aucun fait ne prouve-t-il que les corps qui se meuvent dans le mercure, dans l'eau, ou dans l'air,
rencontrent d'autre résistance sensible que celle
qui résulte de la densité & de l'adhésion de
ces milieux : comme il arriveroit si quelque autre

matière

matière denfe & fubtile en rempliffoit les pores.
Or dans un vafe où l'on a bien fait le vide,
la réfiftance, étant fuppofée feulement 100
fois moindre qu'en plein air, feroit environ
1,000,000 de fois moindre que dans le
mercure. Mais elle paroît être beaucoup moindre
fous le récipient, & beaucoup moindre encore
dans les efpaces céleftes, à trois ou quatre-cents
milles de la furface du globe; Boyle ayant
fait voir que l'air peut être raréfié 10,000 fois
plus qu'il ne l'eft à la furface de la Terre. Dans
les efpaces céleftes le vide eft porté par la
Nature beaucoup plus loin, qu'il ne l'eft par
l'art fous un récipient : car l'air étant comprimé
par le poids de l'atmofphère, & fa denfité
étant proportionnelle à la force qui le comprime, il fuit qu'à 8 milles au deffus du
niveau de la mer, il eft 4 fois plus rare qu'à
ce niveau; à 16 milles au deffus, il eft 16
fois plus rare; à 24, 32 ou 40 milles au
deffus, 64, 256 ou 1024 fois plus rare;
& à 80, 160 ou 240 milles au deffus, environ 1,000,000, 1,000,000,000,000 ou
1,000,000,000,000,000,000 de fois plus rare,
même davantage.

Tome II. P

La chaleur contribue beaucoup à la fluïdité des corps. En diminuant l'adhéfion de leurs parties, elle en rend fluïdes plufieurs, qui ceffent de l'être dès qu'ils font froids; & toujours elle augmente la fluïdité des liquides qui ont beaucoup de confiftance, tels que l'huile, les baumes, le miel. Par là elle diminue donc leur réfiftance. Mais la chaleur ne diminue pas confidérablement la réfiftance de l'eau, comme elle le feroit fi cette réfiftance venoit fur-tout de l'attrition ou de l'adhéfion des globules aqueux: ce qui prouve qu'elle vient prefque uniquement de leur force d'inertie. Donc, fi les efpaces céleftes étoient remplis d'un fluïde auffi denfe que l'eau ou le mercure, fa réfiftance ne feroit guères moindre que la leur; & fi ce fluïde étoit d'une denfité extrême, quelque fubtil qu'elle fût d'ailleurs, fa réfiftance feroit incomparablement plus grande que celle du mercure. Dans un pareil milieu, un globe folide perdroit plus de la moitié de fon mouvement, en parcourant un efpace de trois de fes diamètres; & un globe qui ne feroit pas parfaitement folide (tel qu'un des globes céleftes), perdroit fon mouvement beaucoup plus

tôt. Auſſi, les mouvements réguliers des planètes & des comètes ne peuvent-ils s'entretenir
qu'autant que les eſpaces immenſes des cieux
ſont vides de toute matière, à quelques exha-
laiſons près qui viennent peut-être des atmofphères de la Terre, des planètes, ou des comètes ;
& à un fluïde éthéré extrêmement rare, tel
que celui dont nous avons traité plus haut.
Un fluïde denſe ſeroit plus qu'inutile pour
rendre raiſon des mouvements des aſtres ; puiſqu'il ne ſerviroit qu'à retarder ces mouvements,
& à embaraſſer le jeu des reſſorts de la Nature.
Introduit dans les interſtices des corps, il ne
ſerviroit non plus qu'à arrêter les vibrations
de leurs parties, d'où dépendent leur chaleur
& leur activité. D'après cela, faut-il être ſur-
pris que rien ne prouve l'exiſtence d'un pareil
fluïde? Il doit donc être regardé comme un
être fictif. Ainſi, les hypothèſes qui font conſiſter l'action de la lumière en une preſſion ou
un mouvement propagé à travers un pareil
milieu, ſont inſoutenables.

En effet, ce milieu a toujours été rejeté
par les plus célèbres philoſophes de la Grèce
& de la Phénicie, qui établiſſent, pour baſe

de leur doctrine, le vide, les atomes, & la pefanteur de ces atomes; attribuant de la forte la pefanteur à une caufe différente de la preffion d'un fluïde. Les philofophes modernes, ayant banni de leurs fpéculations phyfiques l'influence de cette caufe, ont imaginé des hypothèfes pour tout expliquer méchaniquement. Mais le grand but qu'on doit fe propofer dans l'étude de la Nature, c'eft de raifonner fur les phéno-mènes fans le fecours d'aucune hypothèfe; de déduire les caufes des effets, jufqu'à ce qu'on foit parvenu à la *Caufe première*, qui très-certai-nement n'eft pas méchanique; d'expliquer par ce moyen le méchanifme du monde, & de réfoudre mille queftions de l'importance de celles qui fuivent. *Qu'y a-t-il dans des lieux prefque vides de matière? D'où vient que le Soleil gravite vers les planètes, & que les pla-nètes gravitent vers le Soleil, fans qu'ils foient environnés d'un fluïde denfe? Pourquoi la Nature ne fait-elle rien d'inutile? D'où procède l'ordre que nous voyons établi dans l'Univers? Pourquoi les planètes fe meuvent-elles toutes fuivant la même direction & dans des orbes concentriques; tandis que les comètes fe meuvent fuivant toutes les directions, dans des orbes très-excentriques ? Qu'est-ce qui empêche les étoiles fixes de tomber les unes sur les autres ? Pourquoi le corps des animaux est-il d'une organisation si recherchée, & à quelles fins leurs diverses parties ont-elles été formées ? La structure de l'œil ne supposeroit-elle aucune connoissance de l'Optique ; & celle de l'oreille, aucune connoissance de l'Acoustique ? Comment les mouvements du corps dépendent-ils de la volonté ? Qu'est l'instinct dans les bêtes ? Le sensorium des animaux n'est-il pas le siège de la substance sensitive & pensante, le lieu où elle apperçoit les impressions des objets transmises par les nerfs ?* De l'explication satisfesante de ces questions ne résulte-t-il pas qu'il est un Être immatériel, intelligent, présent par-tout, & qui voit immédiatement le fond des choses dans l'infinité de l'espace & du temps ? Puisqu'il n'y a que les images des objets qui soient transmises par les organes des sens à l'endroit où se forment nos sensations, n'est-il pas manifeste que c'est là seulement que peut appercevoir ces images ce qui sent & qui pense en nous ? A mesure que nous avançons dans la carrière, chaque pas nous rapproche

de plus en plus de la connoiffance d'une
PREMIERE CAUSE : ce qui fait affez fentir le
prix de cette manière de philofopher.

QUESTION XXIX. Les rayons de lumière
ne font-ils pas formés de très-petits corpufcules
lancés par les corps lumineux ? Or de pareils corpufcules pourroient très-bien traverfer en lignes
droites des milieux homogènes fans fléchir vers
le corps qui fait ombre, ce que font conftamment les rayons de lumière. Ils pourroient auffi
avoir plufieurs propriétés, & les conferver en
traverfant différents milieux ; ce qui convient
de même aux rayons de lumière.

Les corps diaphanes agiffent à certaine diftance fur les rayons, en les réfractant, les
réfléchiffant, les infléchiffant : à leur tour les rayons
agiffent à certaine diftance fur les particules de
ces corps, pour les échauffer. Cette action & cette
réaction reffemblent très-fort à l'attraction réciproque des corps. Si la réfraction eft produite
par l'attraction des rayons, les finus d'incidence doivent être aux finus de réfraction en
rapport donné, comme je l'ai fait voir dans
mes *Principes mathématiques de Philofophie na*

turelle : règle que l'expérience vérifie conftamment. A leur paffage du verre dans le vide,
les rayons fe plient vers le verre ; & s'ils entrent dans le vide avec des directions trop obliques, ils fe replient en arrière fur le verre, &
font totalement réfléchis. Cette réflexion ne fau-
roit être attribuée au vide, dont la réfiftance
eft nulle; elle ne peut donc l'être qu'au verre,
qui eft doué de la puiffance d'attirer les rayons
& de les ramener en arrière, lorfqu'ils font
fur le point d'entrer dans le vide. Si on verfe
de l'eau ou de l'huile fur la dernière furface
du verre, les rayons qui auroient été réfléchis
paffrent dans l'eau ou dans l'huile ; ils ne font
donc pas réfléchis avant d'être parvenus à la
dernière furface du verre, & d'avoir commencé
d'émerger. A leur émergence de cette furface,
s'ils tombent fur l'une de ces liqueurs, ils paf-
feront au delà ; parce que l'attraction du verre,
contrebalancée par l'attraction oppofée de la
liqueur, devient nulle. Mais s'ils paffent du
verre dans le vide, qui n'a aucune attraction pour
contrebalancer celle du verre ; celle-ci les pliera
pour les réfracter, ou les ramènera en arrière
pour les réfléchir. C'eft ce qui paroitra plus

évidemment, si on approche presque au point
de contact deux prismes ou deux objectifs de
long foyer, dont l'un soit plan-convexe; car
les rayons incidents sur la dernière surface du
premier, à l'endroit où il n'est éloigné du second
que d'un millionième de pouce, passeront à
travers la couche extrêmement mince d'air qui
sépare ces verres, comme je l'ai fait voir dans
les OBSERVATIONS I, IV, & VIII de la
1 PARTIE du LIVRE II. Si on retire le second
verre, les rayons qui émergent du premier y
rentreront aussi tôt, & seront réfléchis à sa dernière surface : ils se trouvent donc alors ramenés
en arrière par une force propre au verre ; car
quelle autre cause pourroit produire cet effet ?
Ainsi, pour produire les différents degrés de
réfrangibilité des rayons hétérogènes, & les différentes couleurs qui en dépendent, il suffit que
ces rayons soient formés de corpuscules de différentes grosseurs; que les plus petits (c'est
à dire, les plus faciles à être détournés de leurs
directions rectilignes par les surfaces réfringentes) produisent le violet, la plus foible &
la plus sombre des couleurs; tandis que les autres
graduellement plus gros (c'est à dire, graduel-

lement plus difficiles à être détournés de leurs
directions rectilignes) produiront proportionnellement à leur groffeur les couleurs les plus fortes
& les plus éclatantes, le bleu, le vert, le jaune,
le rouge. Et pour mettre les rayons de lumière
dans des accès de *facile réflexion & de facile
tranſmiſſion*; il ſuffit d'en faire de petits corpuf-
cules, qui, par leur puiſſance attractive (ou quelque autre force), excitent dans le milieu qu'ils
traverſent des vibrations plus rapides que les
leurs, vibrations très-propres à atteindre tour
à tour les rayons, & à les agiter de manière
à en augmenter ou diminuer alternativement
la viteſſe; ce qui conſtitue ces accès. Enfin il
y a grande apparence que la réfraction extraordinaire du criſtal d'Iſlande, eſt produite par quelque force attractive ou diſpoſition particulière
à certains côtés des rayons & des particules
mêmes du criſtal : car ſans une diſpoſition particulière à certains côtés de ces particules, &
propres à plier les rayons vers la face à réfraction extraordinaire, ſeroit-il poſſible que
ceux qui tombent perpendiculairement ſur le
criſtal fuſſent réfractés vers cette face plus tôt
que vers toute autre, tant à leur entrée qu'à

leur fortie ? Comment donc émergeroient-ils
perpendiculairement, lorfque la face à réfraction extraordinaire de la feconde furface eft
dans une fituation oppofée; le criftal agiffant
fur les rayons après qu'ils l'ont traverfé & qu'ils
font entrés dans l'air ou dans le vide? Et puifque le criftal n'agit de la forte fur les rayons, que
lorfqu'un de leurs côtés à réfraction extraordinaire eft tourné vers cette face, il s'enfuit que
ces côtés ont une difpofition correfpondante à
celle du criftal, de même que les poles de deux
aimants correfpondent l'un à l'autre. Mais la
vertu magnétique eft propre au fer, & elle peut
être augmentée ou diminuée; de même la vertu
de réfracter les rayons perpendiculaires paroît
propre au criftal d'Iflande & au criftal de roche,
quoiqu'elle ait plus d'énergie dans le premier
que dans le dernier. Je ne prétends pas toutefois que cette dernière propriété foit magnétique ; il paroît même qu'elle eft d'une autre
nature : mais je dis que les rayons, à moins
d'être matériels, ne fauroient avoir une propriété
effencielle à deux de leurs côtés exclufivement;
& cela indépendamment de leurs directions relatives à l'efpace ou au milieu qu'ils traverfent.

Par ce qui est établi aux articles des Questions XVIII, XIX & XX, on peut voir ce
que j'entends par ces mots, *vide* & *attraction*
des rayons de lumière.

QUESTION XXX. Les corps grossiers ne
peuvent-ils pas se transformer en lumière; &
la lumière, en corps grossiers? Les corps ne
peuvent-ils pas tenir une grande partie de leur
activité, des particules de la lumière qui entrent
dans leur composition? Il est de fait que tous
les corps fixes, échauffés à certain point, répandent de la lumière tant qu'ils conservent
un degré suffisant de chaleur. A son tour la
lumière s'arrête dans les corps, lorsqu'elle est
dardée sur leurs parties, comme je l'ai fait
voir précédemment (57). Je ne connois aucun
corps moins susceptible de luire que l'eau: cependant elle se change (58) en terre fixe par

_____

(57) Voyez la VIII PROPOSITION de la III PARTIE
du LIVRE II.

(58) On voit ici, & on verra ci-après le dévelo-

de fréquentes diftillations, comme Boyle en a
fait l'expérience ; puis cette terre, fuffifamment
échauffée, luit comme divers autres corps.

Pour ce qui eft de la tranfmutation des corps
groffiers en lumière, & de la lumière en corps
groffiers ; c'eft une chofe très-conforme au
cours de la Nature, qui femble fe plaire à de
pareilles métamorphofes. Au moyen de la chaleur elle change l'eau (qui eft un fel fluïde &
infipide) en vapeur, qui eft une efpèce d'air ;
& au moyen du froid elle change l'eau en glace,
qui eft une fubftance dure, diaphane, caffante,
& fufible ; puis cette fubftance redevient eau
à l'aide de la chaleur, comme la vapeur redevient eau à l'aide du froid. Au moyen de la
chaleur la terre eft changée en feu, & au moyen
du froid elle redevient terre. Des corps denfes
font changés par la fermentation en différentes
fortes d'air ; & ces différentes fortes d'air, par fermentation ou fans fermentation, reprennent leur

---

pement de ces fameufes tranfmutations qui ont été ré-
chauffées avec éclat par quelques Phyficiens modernes.
Note du Traducteur.

premier état. Le mercure paroît quelquefois fous
la forme d'un métal fluide ; quelquefois fous
celle d'un métal dur & caffant ; quelquefois
fous celle d'un fel diaphane corrofif (59) ; d'autres fois fous celle d'une terre blanche, infipide,
diaphane & volatile (60) ; fous celle d'une terre
rouge, volatile & opaque (61) ; fous celle d'un
précipité rouge ou blanc ; fous celle d'un fel fluide.
Diftillé, il s'élève en vapeur ; & agité dans le
vide, il brille comme du feu. Enfin malgré toutes
ces tranfmutations il peut reprendre fa première
forme.

Qui ne fait que les œufs, paffant d'une petiteffe extrême à une groffeur confidérable, fe
changent en animaux ! les têtards fe changent
en grenouilles ; les vers , en mouches ; & les
oifeaux, les quadrupèdes , les poiffons, les in-
fectes, les végétaux, (quelque différentes que
foient leurs parties) tirent tous leur accroiffe-
ment de l'eau, des fucs gélatineux, & des fels :

---

(59) Le fublimé.
(60) Le mercure doux.
(61) Le cinabre.

puis ils se résolvent en flegme par la putréfaction.

L'eau, exposée à l'air libre durant quelques jours, prend la teinte d'une infusion d'orge germé, puis elle dépose un sédiment, & devient spiritueuse; elle qui, avant d'être corrompue, fournissoit une nourriture salubre aux animaux & aux plantes. Après tant de transmutations si variées, si étranges, pourquoi la Nature ne changeroit-elle pas les différents corps en lumière, & la lumière en ces différents corps?

QUESTION XXXI. Les petites particules des corps n'ont-elles pas certaines propriétés, non seulement au moyen desquelles elles agissent, à certaine distance, sur les rayons de lumière pour les réfléchir, les rompre, & les infléchir; mais au moyen desquelles ces particules agissent les unes sur les autres par des attractions de gravité, de magnétisme, d'électricité? D'après ces exemples paroitra-t-il invraisemblable, qu'il y ait d'autres forces attractives dans la Nature, elle qui est toujours conforme à elle-même? Je n'examine point ici quelle est la cause de ces attractions : ce que j'appelle attraction peut être produit par impulfion ou par d'autres moyens qui me font inconnus. Je n'emploie ici ce terme que pour défigner une force, en vertu de laquelle les corps tendent réciproquement à s'approcher, quel qu'en foit le principe : car il importe d'apprendre à connoître les corps qui s'attirent mutuellement, & les lois fuivant lefquelles ils s'attirent, avant de rechercher la caufe de leur attraction. Les attractions de gravité, de magnétifme, d'électricité s'étendent à des diftances fort fenfibles ; auffi n'ont-elles pas échappé, même aux obfervateurs vulgaires : mais il peut y en avoir d'autres qui s'étendent à de fi petites diftances, qu'elles ayent échappé jufqu'ici aux yeux les plus pénétrants ; peut-être l'attraction électrique s'étend-elle à d'auffi petites diftances, même fans être excitée par le frottement.

La déliquefcence du fel de tartre n'eft-elle pas produite par une attraction entre les particules falines & les vapeurs aqueufes de l'atmofphère ? Pourquoi le fel commun, le falpêtre, & le vitriol ne deviennent-ils pas de même déliquefcents ; fi ce n'eft faute d'une pareille attraction ? Et pourquoi le fel de tartre n'attire-t-il qu'une certaine quantité d'eau ; fi ce n'eft parce qu'auffi tôt qu'il en eft faturé, il n'a plus de force attractive (62)? Quel autre principe que cette force empêcheroit l'eau (qui feule s'évapore à un degré de chaleur affez foible) de ne fe détacher du fel de tartre qu'au moyen d'une chaleur violente ?

N'eft ce pas de même la force attractive qui fe déploie entre les molécules de l'acide vitriolique & les globules de l'eau, qui fait que cet acide attire l'humidité de l'air jufqu'à faturation, & qu'il ne la rend enfuite qu'avec beaucoup de peine, quand on le foumet à la diftillation.

Lorfque l'acide vitriolique & l'eau acquièrent par leur mélange un degré confidérable de chaleur ; cette chaleur ne prouve-t-elle pas à fon tour, que ces liquides fe pénètrent avec vio-

---

(62) Cet article forme un très-beau morceau fur les affinités chimiques. Quelques auteurs de nos jours paroiffent en avoir tiré grand parti ; & il feroit à fouhaiter que tous ceux qui ont écrit fur ces matières, l'euffent bien médité. *Note du Traducteur.*

lence, & s'uniffent avec intimité? De l'eau forte,
ou de l'efprit de vitriol, verfé fur de la limaille
de fer, la diffout avec effervefcence, & aquiert
une forte chaleur : cette chaleur ne réfulte-
t-elle pas du mouvement rapide de la diffolution ; & ce mouvement ne prouve-t-il pas que
l'acide fe porte avec violence fur le métal, entre
forcément dans fes pores, détache fes particules,
& les fait flotter librement dans la liqueur ?
Mais ces particules acides, qui feules fe réfou-
droient en vapeurs à une chaleur douce, ne
peuvent être féparées des particules métalliques
que par un violent coup de feu : cela ne
prouve-t-il pas qu'il y a une attraction réciproque entre le fer & fon diffolvant ?

De l'efprit de vitriol verfé fur du fel commun entre en effervefcence, & fe combine avec
lui. Si on foumet leur mélange à la diftillation,
l'efprit de fel s'évaporera beaucoup plus facilement qu'il ne feroit feul, laiffant l'acide vitriolique au fond de la retorte. Cela ne démon-
tre-t-il pas que l'alkali fixe du fel attire plus
fortement l'acide vitriolique que l'acide marin ;
& que n'étant pas capable de les retenir tous
deux, il abandonne fon propre acide ?

Tome II.   Q

Quand on verse deux parties d'acide nitreux (préparé avec le nitre & le vitriol) sur une partie d'huile de gérofle, de carvi, ou de térébenthine ; leur mélange acquiert une si grande chaleur qu'il s'enflamme aussi tôt. La violence soudaine de cette chaleur ne prouve-t-elle pas que ces liqueurs se pénètrent avec impétuosité, & que leurs globules se précipitent avec force les uns contre les autres? N'est-ce pas aussi par ce méchanisme que l'esprit de vin rectifié s'enflamme lorsqu'on le verse sur de l'esprit de nitre concentré, & que la poudre fulminante (faite de soufre, de nitre & de sel de tartre) détone plus violemment que la poudre à canon ; les esprits du souffre & du nitre se précipitant l'un contre l'autre, & tous deux contre le sel de tartre, avec tant d'impétuosité que le mélange se dissipe entièrement en fumée & en flamme.

Lorsqu'une dissolution est lente, la foible effervescence qui en résulte, n'excite qu'une chaleur modérée : lorsqu'une dissolution est prompte elle produit une effervescence plus forte , & une chaleur plus considérable : lorsqu'une dissolution est subite , elle produit une effervescence & une chaleur extrême, accompagnée de détonation, & de flamme. Ainsi, un gros d'acide nitreux fumant, versé dans le vide sur un demi-gros d'huile de carvi, s'enflamme comme la poudre à canon, & brise le récipient où il est contenu. Le soufre même, tout grossier qu'il est, pulvérisé & amalgamé avec partie égale de limaille de fer & un peu d'eau, acquiert au bout de quelques heures un degré de chaleur assez violent pour s'enflammer.

Après de pareils résultats, vient-on à considérer l'énorme quantité de soufre renfermée dans les entrailles de la Terre, la chaleur excitée dans quelques-unes de ses parties intérieures, les sources d'eau chaude, les volcans, les vapeurs enflammées qui s'élancent des mines ? on conçoit sans effort que ces matières sulfureuses, fermentant avec les minéraux, doivent se résoudre en vapeurs, prendre feu quelquefois tout à coup, & faire une explosion terrible. Ces vapeurs se trouvent-elles alors resserrées dans des cavernes profondes ? elles causent nécessairement des tremblements de terre, puis s'ouvrant passage au dehors, elles répandent dans l'air une chaleur étouffante, produisent des ouragans,

bouleverfent de grands terreins, font bouil-
lonner les eaux de la mer, qui s'élèvent en
colonne, & retombent enfuite comme un torrent.

Il s'elève auffi en tout temps à la furface de
la Terre des exhalaifons fulfureufes, qui fermentent enfuite dans l'air avec des vapeurs ni-
treufes; & qui, venant à s'enflammer, produifent les éclairs, les tonnères, & les autres
météores ignés. Car l'air abonde en vapeurs
acides propres à faire effervefcence : comme cela
paroît par la rouille que le fer & le cuivre contractent fi aifément en plein air, par le feu qu'on
excite en foufflant, & par le battement du cœur
que la refpiration entretient. Or les phénomènes
dont nous venons de parler fuffifent pour montrer que, dans les effervefcences, les particules
des corps font mifes en mouvement par un principe très-énergique, qui n'agit fur elles que
lorfqu'elles font fort peu diftantes, & qui les
pouffe les uns contre les autres, de manière
qu'elles s'entrechoquent avec une violence extrême : échauffées par ce moyen, & venant à
fe brifer par ces chocs réciproques, elles fe
diffipent en flamme dans les airs.

Lorfqu'on verfe de l'huile de tartre par défaillance fur une diffolution métallique, le fel précipite le métal. Cela ne prouve-t-il pas que les particules acides font plus fortement attirées par le fel de tartre que par le métal, & qu'en vertu de cette plus grande attraction elles fe portent du métal fur le fel de tartre? De même, lorfque la calamine précipite une diffolution de fer par l'acide nitreux ; que le fer précipite une diffolution de cuivre; que le cuivre précipite une diffolution d'argent; ou que le fer, le cuivre, l'étain, le plomb, précipitent une diffolution de mercure; tous ces phénomènes ne prouvent-ils pas que les particules de l'acide nitreux font attirées plus fortement par la calamine que par le fer; par le fer que par le cuivre; par le cuivre que par l'argent; par le fer le cuivre, l'étain ou le plomb, que par le mercure? n'eft-ce pas par cette raifon qu'il faut davantage d'acide nitreux pour diffoudre le fer que le cuivre, & davantage pour diffoudre le cuivre que les autres métaux? ce qui prouve que de tous les métaux le fer eft le plus aifément diffous, enfuite le cuivre, &c.

Quand on foumet à la diftillation de l'acide

vitriolique mêlé avec un peu d'eau ; l'eau se résout difficilement en vapeurs, & toujours elle emporte avec elle quelque portion d'acide. Dès qu'elle s'est condensée, si on en verse sur du fer, du cuivre ou du sel de tartre ; l'acide vitriolique quittera l'air pour s'unir à ces corps : cela ne montre-t-il pas qu'il est plus fortement attiré par eux que par elle ? N'est-ce pas par cette raison que l'eau & l'acide végétal, nitreux ou marin, s'unissent & s'elèvent ensemble dans la distillation ? mais si on verse leur mélange sur du sel de tartre, du plomb, du fer, ou quelque autre corps fixe qu'il peut dissoudre ; l'acide plus fortement attiré s'attachera à ce corps, après avoir quitté l'eau. N'est-ce pas aussi par une attraction réciproque que l'esprit de suie & l'esprit de sel marin s'unissent, pour former du sel ammoniac ? or les particules réunies de ces esprits deviennent moins volatiles, parce qu'elles sont plus grosses & plus dégagées d'eau. N'est-ce pas par la même raison que, dans la sublimation, les particules du sel ammoniac enlèvent avec elles les particules de l'antimoine, qui seules n'auroient pu se sublimer ; que les particules du mercure, s'unissant aux particules de l'acide marin, compofent le fublimé corrofif; & s'uniffant aux particules du foufre compofent le cinabre? que les particules de l'efprit de vin & de l'efprit d'urine bien rectifiés fe dégagent de l'eau qui les tient en diffolution, & s'uniffent pour compofer un corps compacte? qu'en faifant fublimer le cinabre mélé à du fel de tartre ou à de la chaux vive; le foufre, plus fortement attiré par le fel ou la chaux, fe dégage du mercure, & refte uni au corps fixe? que dans la fublimation du fublimé corrofif mélé à de l'antimoine; l'efprit de fel plus fortement attiré par l'antimoine, s'y unit après s'être dégagé du mercure : puis quand la chaleur eft plus forte, l'efprit de fel emporte le métal fous la forme d'un fel fufible nommé *beurre d'antimoine*; quoique l'efprit de fel foit prefque auffi volatil que l'eau, & que l'anti-moine foit prefque auffi fixe que le plomb?

L'eau forte diffout l'argent, non pas l'or; & l'eau régale diffout l'or, non pas l'argent. Ne pourroit-on pas croire que l'eau forte eft affez fubtile pour pénétrer l'or, mais qu'elle eft def-tituée de la force attractive dont elle auroit befoin pour s'y introduire? Car l'eau régale,

qui diſſout l'or, n'eſt que de l'eau forte mélée
à de l'eſprit de ſel. Le ſel ammoniac, même
le ſel commun, donne à l'eau forte la propriété
de diſſoudre l'or, quoique ces ſels ſoient des
corps groſſiers. L'eſprit de ſel ne précipite-t-il
pas l'argent diſſous par l'eau forte, en attirant
l'eau forte, & en s'uniſſant à elle, peut-être
encore en repouſſant l'argent ? l'eau ne préci-
pite-t-elle pas l'antimoine uni au ſel ammoniac
dans le ſublimé d'antimoine ; parce qu'elle affoiblit le ſel ammoniac, ou l'eſprit de ſel en ſe
mélant avec lui, & parce qu'elle n'attire pas
ou qu'elle repouſſe l'antimoine ? n'eſt-ce pas par
le défaut d'une attraction réciproque entre leurs
parties, que l'eau & l'huile, le mercure & l'antimoine, le plomb & le fer ne peuvent s'al-
lier ? n'eſt-ce pas en vertu d'une foible attraction que le mercure & le cuivre s'allient avec
peine ? n'eſt-ce pas en vertu d'une forte attraction que le mercure & l'étain, l'antimoine &
le fer, l'eau & les ſels s'uniſſent ſi aiſément ?
en un mot n'eſt-ce pas par le même principe que
la chaleur unit les corps homogènes, & ſépare
les corps hétérogènes ?

L'arſenic mélé avec du ſavon forme un régule ; mélé avec du sublimé corrosif, il forme un sel volatil fusible comme le beurre d'antimoine. Ces phénomènes ne prouvent-ils pas que l'arsenic, substance qui se volatilise entièrement, est composé de parties fixes & volatiles fortement unies par une attraction mutüelle ; de sorte que les parties volatiles ne peuvent s'enlever sans les parties fixes ? de même égales quantités d'esprit de vin & d'acide vitriolique fumant, mises en digestion, puis soumises à la distillation, donnent deux esprits volatils immiscibles, laissant au fond de la retorte une terre noire & fixe. Ces phénomènes ne prouvent-t-ils pas que l'acide vitriolique est composé de parties volatiles & fixes, fortement unies par l'attraction ; de sorte qu'elles s'élèvent ensemble sous la forme d'un sel acide volatil & fluïde, jusqu'à ce que l'esprit de vin, attirant les parties volatiles, les sépare des fixes ? Puisque l'acide du soufre préparé par la déflagration est de même nature que l'acide du vitriol, ne peut-on pas inférer que le soufre est un mélange de parties volatiles & fixes, si fortement unies par l'attraction, qu'en se sublimant elles montent ensemble ? car après avoir dissous des fleurs de soufre dans de l'huile de térébenthine, fi on diftille cette diffolution, on trouvera que le foufre eft compofé d'une huile épaiffe & inflammable, d'un fel acide, d'une terre extrêmement fixe, & d'un peu de métal : les trois prémiers principes (63) conftituants y entrent en quantités à peu près égales, & le dernier en fi petite quantité qu'à peine mérite-t-il qu'on en tienne compte. Ce fel acide diffous dans l'eau paroît de même nature que l'acide du foufre : & comme il fe trouve en abondance dans la Terre, fur-tout dans les mines pyriteufes, uni aux autres principes des pyrites, favoir au bitume, au fer, au cuivre & à la terre, il compofe de l'alun, du vitriol, & du foufre ; de l'alun, lorfqu'il s'unit à la terre feule ; du vitriol, lorfqu'il s'unit au métal feul, ou au métal & à la terre ; du fouffre, lorfqu'il s'unit au bitume & à la terre : auffi les pyrites abondent-elles en ces trois minéraux ? n'eft-ce pas par l'attraction réciproque des principes qu'elles tiennent unis pour compofer ces

_____

(63) On voit que l'art d'analyfer les mixtes étoit affez peu avancé du tems de Newton. *Note du Traducteur.*

minéraux, que le bitume volatilise les autres principes du soufre, qui ne se sublimeroient pas sans lui? On peut faire la même demande à l'égard de presque tous les mixtes de la Nature: car toutes les productions animales & végétales sont composées de principes fixes & volatils, fluïdes & solides; comme leur analyse le prouve. Il en est de même des sels & des minéraux, autant que la chimie peut en démontrer la composition.

Le sublimé corrosif, saturé de mercure, se change en calomelle, chaux blanche, insipide & à peine dissoluble dans l'eau : & la calomelle, saturée d'esprit de sel, redevient sublimé corrosif. Les métaux corrodés par quelque acide se changent en rouille, chaux insipide & indissoluble dans l'eau ; tandis que cette chaux, imprégnée d'un acide, forme un sel métallique. Enfin certaines substances minérales, telles que la litharge native de plomb, dissoutes dans des menstrues convenables, se changent en sels.

De ces divers phénomènes ne suit-il pas que les sels sont composés d'une terre sèche & d'acides aqueux, unis par l'attraction; que la partie terreuse ne se change point en sel sans un acide suffisant pour la rendre dissoluble à l'eau? La saveur acerbe des acides ne provient-elle pas d'une forte attraction, qui fait que les parties salines pénètrent & crispent la substance de la langue ?

Dans les dissolutions métalliques, les acides unis au métal agissent si différemment sur l'organe du goût, que leur composé a toujours une saveur beaucoup moins piquante que celle des acides purs ; il a même quelquefois une saveur douce : cela ne vient-il pas de ce que les acides s'attachent aux particules métalliques, & perdent par là une grande partie de leur activité. Quand l'acide est en trop petite proportion pour faire que le composé se dissolve dans l'eau, ne perd-il pas son activité & sa saveur, en s'attachant au métal ; & le composé ne forme-t-il pas une terre insipide? car les substances indissolubles à la salive ne font aucune impression sur la langue.

Comme la gravité fait que la mer se répand tout autour des parties les plus denses du globe de la Terre ; de même l'attraction peut faire que les acides aqueux se répandent autour des parties terreuses les plus compactes, pour composer des sels. Sans cela un acide ne pourroit pas servir à rendre les sels dissolubles, en unissant la terre & l'eau.

Ainsi, le sel de tartre n'extrairoit pas facilement l'acide des métaux dissous, & les métaux n'extrairoient point l'acide du mercure préparé. Comme les corps les plus denses tombent au fond ne l'eau, & tendent continüellement vers le centre de la Terre : de même dans les particules salines, la matière la plus dense peut faire de continüels efforts pour approcher du centre de chaque particule. Desorte qu'à cet égard une particule de sel peut être comparée au cahos : étant dense, dure, sèche & terreuse au centre; rare, molle, humide, & aqueuse à la circonférence. C'est par cette raison, je crois, que les sels sont naturellement si peu altérables : car on ne peut guère les détruire qu'en leur enlevant leurs parties aqueuses; à moins qu'au moyen d'une chaleur modérée, excitée par la fermentation putride, on ne fasse pénétrer ces particules dans les pores de la terre qui est au centre, jusqu'à ce que les particules terreuses soient dissoutes par l'eau, & divisées en de plus petites molécules qui fassent paroître noir le mixte dénaturé.

De là vient peut-être encore que les animaux & les végétaux conservent leurs différentes formes, & convertissent en leur propre substance ce qui leur sert de nourriture : car une nourriture tendre & humide est aisément disposée par une chaleur tempérée à changer de tissu, jusqu'à ce qu'elle devienne semblable à la terre dense, dure, sèche, & inaltérable qui est au centre de chaque particule. Mais lorsque la nourriture devient incapable d'un pareil changement, ou que la terre au centre des particules devient trop foible pour la convertir en sa propre substance ; alors le mouvement finit par la confusion, la corruption & la mort (64).

Si on dissout une petite quantité de sel dans une grande quantité d'eau ; les particules salines ne tomberont pas au fond, quoique spécifiquement plus pesantes que les globules aqueux : mais elles se distribueront également dans toute la masse. Ne suit-il pas de là qu'elles tendent

---

(64) Il auroit été à desirer que Newton se fût expliqué moins obscurément dans ce dernier article, que le Lecteur aura sans doute peine à entendre. *Note du Traducteur.*

à s'écarter les unes des autres, & à se tenir aussi séparées que la liqueur où elles flottent le leur permet ? Cette tendance à s'écarter ne prouve t-elle pas qu'elles ont une force répulsive en vertu de laquelle elles se fuient mutüellement, ou dumoins qu'elles attirent l'eau plus fortement qu'elles ne s'attirent les unes les autres ? Comme tous les corps, moins attirés que l'eau par la terre, surnagent ; de même les particules salines qui flottent dans l'eau, moins attirées par elles-mêmes que les globules aqueux, doivent s'écarter, & faire place à ces globules.

Lorsqu'une liqueur saturée de sel s'est évaporée jusqu'à pellicule , & suffisamment refroidie ; le sel se forme en cristaux réguliers. Avant d'être rassemblées, les particules salines flottoient dans la liqueur également distantes les unes des autres ; elles agissoient donc mutüellement sur elles-mêmes, avec une force qui étoit égale à distances égales, & inégale à distances inégales : ainsi, en vertu de cette force, elles doivent se ranger d'une manière uniforme ; & sans cette force elles ne peuvent que flotter sans ordre dans la liqueur, ou s'y unir fort irrégulièrement. Comme les particules du criftal d'Iflande agiffent toutes dans le même fens fur les rayons de lumière, pour produire la réfraction extraordinaire, ne peut-on pas fuppofer que lors de la formation de ce criftal, les particules fe font rangées d'une manière uniforme pour prendre des figures régulières en fe criftalifant ; & que par une efpèce de vertu polaire, elles ont tourné leurs côtés homogènes du même fens ?

Dans tout corps dur & homogène, les parties en parfait contaƈt font très-adhérentes. Pour expliquer cette adhéfion, les uns ont inventé les atomes crochus ; mais c'étoit pofer en fait ce qui étoit en queftion : les autres ont dit que les particules des corps font collées par le repos, c'eft à dire, par une qualité occulte, ou plus tôt par le néant : d'autres ont prétendu qu'elles font jointes par des mouvements confpirants, c'eft à dire, par un repos relatif. Pour moi, j'aime mieux inférer de la cohéfion des corps, que leurs particules s'attirent naturellement en vertu d'une force, qui dans le contaƈt intime eft très-énergique, qui à de petites diftances produit les phénomènes chimiques dont nous

avons

avons fait mention, & qui à de fort grandes distances cesse d'agir, au moins d'une manière sensible.

Tous les corps sont composés de parties dures: autrement, les liquides, tels que l'eau, l'huile, le vinaigre, ne se congèleroient point par le froid; le mercure ne se fixeroit point par sa combinaison avec l'acide nitreux ou le plomb; l'esprit de vin & l'esprit d'urine déphlegmés ne deviendroient point solides par leur simple mélange, comme l'esprit d'urine & l'esprit de sel le deviennent par leur sublimation. Il semble même que les globules des rayons de lumière sont durs: autrement, leurs différents côtés ne conserveroient pas des propriétés différentes. On peut donc considérer la dureté comme la propriété constante de toute matière simple, propriété aussi bien constatée que l'impénétrabilité universelle de la matière : car l'expérience démontre que tous les corps sont durs ou peuvent le devenir; & nous n'avons pas d'autres preuves de leur impénétrabilité. Quand tous les mixtes seroient aussi durs que quelques-uns le paroissent : comme ils ont beaucoup de pores, & qu'ils sont composés de parties placées les unes à côté des autres;

les molécules simples, qui sont sans pores & indivisibles, doivent être incomparablement plus dures. Ces molécules rassemblées ne peuvent guère se toucher que par un très-petit nombre de points : ainsi, il faudroit beaucoup moins de force pour les séparer que pour rompre une seule de ces molécules, dont tous les éléments se touchent sans qu'aucun interstice affoiblisse leur cohésion. Or comment des molécules d'une pareille dureté, & simplement rassemblées sans se toucher que par un très-petit nombre de points, pourroient-elles adhérer si fortement, sans une cause qui les fît se comprimer les unes les autres? c'est ce qui seroit très-difficile à concevoir.

J'infère encore l'existence de cette cause, de ce que deux plaques de marbre, polies & appliquées l'une contre l'autre, adhérent dans le vide ; & de ce que le mercure se soutient à la hauteur de 50, 60, 70, &c. pouces dans un tube parfaitement purgé d'air. L'atmosphère ne l'élevant par son poids qu'à la hauteur de 29 à 30 pouces ; quelque autre cause l'élève nécessairement plus haut, non en le pressant dans le tube, mais en fesant que ses parties, adhérentes les unes aux autres, adhèrent pareil-

LIVRE TROISIÈME. 259

lement au verre. Auſſi dès qu'il y a entre elles quelque ſolution de continuïté, cauſée ſoit par des bulles ſoit par des ſecouſſes, le mercure redeſcend auſſi tôt à 29 ou 30 pouces.

J'ajoûterai ici quelques expériences de la même eſpèce. Ayez deux plaques de verre planes & bien polies, tenez-les à très-petite diſtance l'une de l'autre, & enfoncez-les un peu par leurs extrémités inférieures dans un vaſe plein d'eau; bientôt l'eau s'élevera entre elles, & toujours d'autant plus haut qu'elles ſeront moins éloignées. Si leur diſtance eſt d'un centième de pouce, l'eau s'élèvera à la hauteur d'un pouce environ : ſi la diſtance eſt plus grande ou plus petite, la hauteur de l'eau ſera à peu près en proportion réciproque de leur diſtance : car la force attractive des plaques de verre eſt la même, que leur diſtance ſoit plus grande ou plus petite ; le poids de l'eau attirée eſt auſſi le même, quand la hauteur de l'eau eſt en proportion réciproque de la hauteur des plaques. Voilà comment l'eau monte entre deux plaques de marbre, polies, parallèles, & fort peu diſtantes. Si on trempe dans l'eau le bout d'un très-petit tube de verre, elle s'y élèvera à

R 2

à une hauteur, qui fera en proportion réciproque au diamètre du tube, & égale à la hauteur à laquelle elle s'élève entre les deux plaques de verre, fi le demi-diamètre du tube eft égal ou à peu près à la diftance des plaques. Au refte, toutes ces expériences réuffiffent auffi bien dans le vide qu'en plein air (comme on en a fait l'épreuve à la Société Royale); par conféquent elles ne dépendent nullement du poids ou de la preffion de l'atmofphère.

Si un grand tube de verre, templi de cendres paffées au tamis & fortement comprimées, eft plongé par une de fes extrémités dans un vafe d'eau, l'eau montera lentement, & au bout de 8 ou 15 jours, elle parviendra à la hauteur de 30 à 40 pouces au deffus du niveau de fa furface. Or elle n'eft élevée à cette hauteur que par l'attraction des cendres qui font au deffus ; car celles qui font au deffous l'attirent autant en bas qu'en haut. Il eft clair que cette attraction eft très-puiffante : mais comme les cendres ne font pas fi denfes que le verre, leur action eft beaucoup moins énergique : auffi le verre tient-il le mercure fufpendu à la hauteur de 60 à 70 pouces ; il agit donc alors avec une force qui tiendroit l'eau suspendue à la hauteur de plus de 60 pieds.

C'est par le même principe qu'une éponge absorbe l'eau, & que les glandes de différente espèce tirent du sang différents sucs.

Que deux plaques de verre polies, de 3 à 4 pouces de largeur sur 20 à 25 de longueur, soient placées, l'une horisontalement, l'autre obliquement, de manière à se toucher par une de leurs extrémités & à former un angle de 10 à 15 minutes : si leurs plans internes ont été préalablement frottés avec un linge imprégné d'huile essencielle de térébenthine ; dès qu'on fera tomber une goute de cette huile sur l'extrémité du plan inférieur opposée au sommet de l'angle, cette goute commencera à se mouvoir vers le point de concours des plans, & continuera à s'y porter d'un mouvement accéléré jusqu'à ce qu'elle y soit parvenue. Car les deux plaques de verre attirent la goute, & la font avancer vers ce point où leurs forces attractives s'unissent. Tandis que la goute est en mouvement, si on élève l'extrémité où les plaques concourent, la goute continuera d'y monter ; preuve incontestable qu'elle en est attirée. A mesure

R 3

qu'on élève cette extrémité, la goute monte plus lentement; enfin elle s'arrête au point où elle est autant déterminée par son propre poids à descendre, qu'elle est déterminée à s'élever par l'attraction des plaques en contact. De cette manière on peut donc connoître, avec quelle force la goute est attirée à différentes distances du point de concours des verres.

D'après quelques expériences de ce genre, faite par Hawksby, on a trouvé que l'attraction est presque réciproquement en proportion doublée de la distance du milieu de la goute au point de concours des verres; c'est à dire, réciproquement en proportion simple, vu que la goute se répand davantage & touche chaque verre par une plus grande surface; & réciproquement en proportion simple, vu que les attractions deviennent plus fortes, l'étendue des surfaces attirantes restant la même. Donc l'attraction qui se fait dans la même étendue de surface attirante, est réciproquement comme la distance entre les verres : par conséquent lorsque la distance est excessivement petite, l'attraction doit être excessivement grande. Suivant la Table de la II PARTIE du LIVRE II, dans laquelle se trouvent les épaisseurs des lames d'eau comprises entre deux verres ; l'épaisseur de la lame à l'endroit où elle paroît très-noire est de $\frac{1}{3}$ de 1,000,000^e de pouce. Et d'après la même règle, à l'endroit où l'huile de térébenthine a cette épaisseur entre les bandes de verre, la force de l'attraction dans un cercle d'un pouce de diamètre pourroit soutenir un poids égal à celui d'un cylindre d'eau d'un pouce de diamètre & haut de deux ou trois stades (65). Aux endroits où elle est moins épaisse, l'attraction est proportionnellement plus grande, & va en augmentant jusqu'à ce que l'épaisseur n'excède pas le diamètre d'un simple globule huileux. Il y a donc dans la Nature des agents capables d'unir les particules des corps par des attractions très-fortes : or c'est à la Physique expérimentale à découvrir ces agents.

Les plus petites particules de matière peuvent être unies par les plus fortes attractions, & composer des particules moins petites, dont la force attractive sera moins considérable : celles-

───────────────

(65) Stade, mesure de 125 pas géométriques. *Note du Traducteur.*

ci peuvent s'unir à leur tour, & compofer de plus groffes particules, dont la force attractive fera moins confidérable encore : ainfi de fuite, jufqu'à ce que la progreffion finiffe par les plus groffes particules dont dépendent les phénomènes chimiques & les couleurs matérielles. De l'aggrégation de ces particules réfultent les différents corps. Si c'eft un corps compacte, dont les parties puiffent fans fe défunir céder à la force qui les comprime, il fera élaftique (66) & dur. Si c'eft un corps dont les parties gliffent l'une fur l'autre, il fera mou ou malléable. Si c'eft un corps dont les parties fe féparent aifément, & foient de groffeur à donner prife à la matière du feu, il deviendra fluïde par une chaleur affez forte pour les tenir en agitation. Si c'eft un corps dont les parties foient fufceptibles de s'attacher à d'autres corps, il fera humide. Au refte, ce qui fait que les goutes des liquides prennent une figure ronde, c'eft l'attraction réciproque de leurs parties. Ainfi eft

---

(66) Un corps élaftique eft celui qui cède à la force qui le comprime, & qui reprend enfuite fa forme en vertu de l'attraction mutuelle de fes parties.

déterminée la figure de notre globe par l'attraction mutuelle de ses parties, effet de la gravité.

Puisque dans les dissolutions métalliques, les menstrues n'attirent qu'en petit nombre les parties du métal, leur force attractive ne peut s'étendre qu'à petite distance. Et comme en Algèbre les quantités négatives commencent où les affirmatives finissent; de même en Méchanique, la force répulsive doit commencer d'agir où la force attractive vient à cesser. Qu'il y ait dans la Nature de pareilles forces, c'est ce qu'on peut inférer des réflexions & des inflexions de la lumière. Car, dans ces deux cas, elle est repoussée par les corps avant qu'il y ait aucun contact immédiat. On peut tirer la même induction, ce me semble, de l'émission de la lumière; les rayons lancés au dehors par les vibrations du corps lumineux, étant à peine sortis de sa sphère d'attraction, qu'ils sont poussés en avant avec une vitesse excessive: car dans la réflexion la force suffisante pour repousser un rayon peut l'être pour le pousser en avant. On peut encore tirer la même induction de la production de l'air & des vapeurs,

puifque les particules détachées d'un corps par
la chaleur & la fermentation, n'ont pas plus
tôt franchi fa fphère d'attraction, qu'elles s'é-
cartent avec rapidité de ce corps, & les unes
des autres, quelquefois jufqu'à occuper un efpace un million de fois plus grand que celui
qu'elles occupoient lors de leur aggrégation.
Or il n'eft pas poffible d'expliquer cette contraction & cette expanfion prodigieufes, en
fuppofant que les particules de l'air font élaftiques, rameufes, ou femblables à des ofiers pliés
en cerceaux : le feul moyen d'en rendre raifon,
ou plus tôt de les produire, eft une puiffance ré-
pulfive écartant ces particules les unes des autres.
Les particules des fluïdes, naturellement fort
petites & unies peu étroitement, font le plus
fufceptibles de cette agitation d'où dépend la
fluïdité ; auffi fe féparent-elles prefque fans
effort, & fe réduifent-elles le plus aifément
en vapeurs : elles font donc *volatiles*, comme
s'expriment les Chimiftes, c'eft à dire qu'une
douce chaleur les raréfie, & que le froid les
condenfe. Mais celles qui font plus groffières,
conféquemment moins fufceptibles d'agitation,
ou qui font unies par une plus forte attraction,

ne peuvent être séparées que par une chaleur plus violente, peut-être même par la fermentation seule. Les corps composés de ces sortes de particules, appelées *fixes* par les Chimistes, étant raréfiés par la fermentation, se changent réellement en air; car les particules en contact & le plus étroitement unies, étant une fois séparées, s'éloignent les unes des autres avec le plus de force, & sont le plus difficilement rapprochées. Comme l'air proprement dit provient de substances plus denses que les vapeurs, à quantités égales il doit être plus pesant: aussi une atmosphère humide est-elle plus légère qu'une atmosphère sèche. Il semble que c'est en vertu de cette force répulsive, que les mouches marchent sur l'eau sans se mouiller les pieds; qu'il est si difficile d'incorporer des poudres sèches sans les mouiller ou les fondre; que les objectifs de long foyer ne se touchent pas, quoique superposés; & que deux plaques polies de marbre sont si difficilement appliquées l'une à l'autre au point d'adhérer par leur simple contact.

Dans tous ces cas, la marche de la Nature est donc très-simple & toujours conforme à

elle-même : puifqu'elle produit tous les
grands mouvements des corps céleftes, par la
gravitation ou l'attraction réciproque de ces
corps; & prefque tous les petits mouvements
des particules des corps, par d'autres forces attractives & répulfives, réciproques entre ces
particules.

La force d'inertie eft un principe paffif,
en vertu duquel les corps reftent en mouvement ou en repos, reçoivent un mouvement proportionnel à la force qui l'imprime,
& oppofent autant de réfiftance qu'ils en
éprouvent. Ce principe feul n'auroit jamais
pu introduire aucun mouvement dans le monde : il en falloit donc quelque autre pour
faire mouvoir les corps, qui, une fois en
mouvement, ont encore befoin d'un autre
principe pour les y maintenir. Car il fuit
très-certainement de la différente compofi-
tion de deux mouvements, qu'il n'y a pas
toujours la même quantité de mouvement
dans l'Univers. Si deux globes, joints par une
petite tringle, tournent d'un mouvement uniforme autour de leur commun centre de gravité : tandis que ce centre fe meut uniformé-

ment dans une ligne droite tirée fur le plan de leur mouvement circulaire; la fomme des mouvements de ces deux globes fera plus grande tant qu'ils font dans la ligne décrite par leur commun centre de gravité, que la fomme de leurs mouvements lorfqu'ils font dans une ligne perpendiculaire à cette droite.

De là il fuit que le mouvement peut fe détruire & fe reproduire. Mais à raifon de la confiftance des fluïdes & de l'attrition de leurs parties, de même que de la foible élafticité des folides, le mouvement eft beaucoup plus fujet à fe détruire qu'à fe reproduire : en effet il va toujours en s'affoibliffant. Les corps parfaitement durs, & les corps fi mous qu'ils n'ont point d'élafticité, ne rejailliffent pas après s'être entrechoqués : tout ce que peut l'impénétrabilité, c'eft d'arrêter leur mouvement. Si deux corps égaux s'entrechoquent dans le vide ; en vertu des loix du mouvement, ils doivent s'arrêter au point de leur rencontre, perdre tout leur mouvement, & refter en repos; à moins qu'ils ne foient élaftiques, & que la réaction de leur reffort ne leur donne un nouveau mouvement: s'ils ont un degré d'élafticité fuffifant pour réagir avec un quart, la moitié, ou les trois quarts de la force qui les pouſſoit; ils perdront les trois quarts, la moitié, ou le quart de leur mouvement. C'eſt ce que l'expérience vérifie, quand de la même hauteur on fait tomber l'un contre l'autre deux pendules égaux: ſi les pendules ſont de plomb ou d'argile fraiche; ils perdront tout ou preſque tout leur mouvement: s'ils ſont de quelque matière élaſtique; ils perdront tout leur mouvement, excepté celui qui eſt entretenu par leur élaſticité. Prétendroit-on qu'ils ne peuvent perdre qu'autant de mouvement qu'ils en communiquent à d'autres corps? Mais il s'enſuivroit de là qu'ils ne peuvent point perdre de mouvement dans le vide, & que s'y choquant ils doivent ſe pénétrer réciproquement & continuer d'avancer. Après avoir rempli trois vaſes ſphériques d'égale capacité, l'un d'eau, l'autre d'huile, & l'autre de poix fondue, ſi on les fait également tourner pour communiquer aux liquides contenus un mouvement de tourbillon; la poix perdra bientôt ſon mouvement à raiſon de ſa conſiſtance; l'huile, ayant moins de conſiſtance, conſervera le ſien plus long temps; par cette raison, l'eau conservera le sien plus long temps encore, mais elle le perdra, & même en assez peu de temps. D'où l'on peut inférer que, si plusieurs tourbillons de poix fondue, contigus & aussi considérables chacun que ceux que certains Philosophes supposent autour du Soleil & des étoiles fixes, pouvoient exister; leur mouvement étant bientôt détruit à raison de la consistance & de la rigidité de leurs parties, ils resteroient tous dans un repos parfait. Des tourbillons d'huile, d'eau, ou de quelque autre matière moins consistante, pourroient conserver plus long temps leur mouvement : mais à moins que la matière des tourbillons ne fût sans consistance, que ces parties n'éprouvassent aucune attrition, & qu'elles ne se communiquassent point leur mouvement (ce qu'on ne sauroit imaginer); ce mouvement iroit sans cesse en se détruisant. Puis donc que les divers mouvements qu'on observe dans le monde diminuent sans cesse, il est absolument nécessaire qu'ils soient reproduits par des principes actifs; tels que celui de la gravité, qui fait que le mouvement des corps augmente si fort dans leur chute, & que les planètes & les comètes

confervent leur mouvement dans leurs orbes ;
celui de la fermentation, qui fait que les organes de la circulation confervent un mouvement continuel, que les parties intérieures
de la Terre conftamment échauffées acquièrent même en certains endroits un très-grand
degré de chaleur, que les corps brûlent & jettent une lumière éclatante, que les montagnes
s'enflamment, que les volcans font éruption,
que le Soleil continue d'être extrêmement chaud
& lumineux & qu'il échauffe l'Univers par fa
lumière. Otez le mouvement qui vient de ces
principes actifs, il en reftera fort peu dans la
Nature : & fans ces principes, le globe de la
Terre, les planètes, les comètes, le Soleil, ne
feroient que des maffes inactives, froides &
glacées ; il n'y auroit plus ni deftruction, ni
génération, ni végétation, ni vie ; les planètes
& les comètes ne refteroient point dans leurs
orbes.

Tout cela bien confidéré, il me paroît très-
probable que Dieu forma au commencement la
matière de particules folides, pefantes, dures,
impénétrables, mobiles, de telles groffeurs,
figures, & autres propriétés, en tel nombre &

en telle proportion à l'espace qui convenoit le mieux à la fin qu'il se proposoit ; par cela même que ces particules primitives sont solides, & incomparablement plus dures qu'aucun des corps qui en sont composés, & si dures qu'elles ne s'usent & ne se rompent jamais, rien n'étant capable (suivant le cours ordinaire de la Nature) de diviser ce qui a été primitivement uni par Dieu même. Tant que ces particules restent entières, elles peuvent former des corps de même essence & de même contexture. Mais si elles venoient à s'user ou à se briser, l'essence des choses, qui dépend de la structure primitive de ces particules, changeroit infailliblement. L'eau & la terre, composées de vieilles particules usées ou de fragments de ces particules, ne seroient plus cette eau & cette terre primitivement composées de particules entières. Pour que l'ordre des choses puisse être constant, l'altération des corps ne doit donc consister qu'en séparations, nouvelles combinaisons, & mouvements de ces particules : car si les corps se rompent, ce n'est point à travers ces particules solides, inaltérables ; c'est aux endroits de leurs jonctions, où elles ne se touchent que par un petit nombre de points.

Il me semble d'ailleurs que ces particules n'ont pas seulement une force d'inertie, d'où résultent les loix passives du mouvement ; mais qu'elles sont mues par certains principes actifs, tels que celui de la gravité, celui de la fermentation, celui de la cohésion des corps. Je considère ces principes, non comme des qualités occultes, qui résulteroient de la forme spécifique des choses ; mais comme des lois générales de la Nature, par lesquelles les choses mêmes sont formées. La vérité de ces lois se manifeste par l'examen des phénomènes, quoique leurs causes ayent échappé jusqu'à ce jour. Mais si ces causes sont occultes, leurs effets sont évidents. Les *Aristotéliciens* ont donné le nom de *qualités occultes*, non à des qualités évidentes, mais à des qualités qu'ils suppofoient cachées dans les corps, causes inconnues d'effets connus, telles que celles de la pesanteur, des attractions magnétiques, des fermentations, &c., en suppofant que ces effets venoient de qualités qui nous étoient inconnues, & qui ne pouvoient jamais être découvertes. Ces sortes de qualités occultes arrê-

tent les progrès de la Physique, & c'est pour
cela que les philosophes modernes les ont re-
jetées. Dire que chaque espèce de choses est
douée d'une qualité occulte particulière, par
laquelle elle agit & produit des effets sensibles;
c'est ne rien dire du tout. Mais déduire des
phénomènes de la Nature deux ou trois principes généraux de mouvement, ensuite faire
voir comment les propriétés de tous les corps &
les phénomènes découlent de ces principes cons-
tatés, seroit faire de grands pas dans la science,
malgré que les causes de ces principes demeu-
rassent cachées. Aussi n'ai-je pas hésité d'expo-
ser ici divers principes de mouvement, puisqu'ils sont d'une application fort générale, laissant à d'autres le soin d'en découvrir les causes.

Au surplus, il semble que c'est au moyen
de ces principes que la matière a été faite,
lors de la création, de particules dures, solides,
& diversement combinées par la volonté d'un
Être intelligent; car c'est à celui qui créa ces
particules, qu'il appartient de les mettre en
ordre. S'il l'a fait, ce n'est pas se montrer
philosophe que de chercher une autre origine
au monde, ou de prétendre que les simples

lois de la Nature ont pu le tirer du chaos; quoiqu'une fois créé, il puisse s'entretenir plusieurs siècles par le cours de ces lois.

Tandis que les comètes se meuvent en tous sens dans des orbes très-excentriques, comment un destin aveugle feroit-il mouvoir toutes les planètes en un même sens dans des orbes concentriques, à quelques petites irrégularités près, qui peuvent provenir de l'action réciproque des comètes & des planètes, & qui pourront augmenter jusqu'à ce que ce systême ait besoin d'être réformé? Une uniformité si merveilleuse dans le systême planétaire doit nécessairement être regardée comme l'effet d'un plan admirable.

Il en est de même de l'uniformité de l'organisation des animaux. Car ils ont presque tous deux côtés semblables: sur ces côtés sont deux jambes par derrière; & deux jambes, deux bras, ou deux aîles pardevant: entre leurs épaules & à l'extrémité de l'épine du dos est placé leur cou, que surmonte leur tête: cette tête a deux oreilles, deux yeux, un nez, une bouche, & une langue. Si on considère séparément ces parties, dont la structure est si

merveilleufe, fur-tout celle des yeux, des oreilles, du cerveau, des mufcles, du cœur, des
poumons, du diaphragme, des glandes, du
larynx, des mains, des aîles, de la veffie d'air
qui foutient les poiffons dans l'eau, des mem-
branes tranfparentes dont certains animaux fe
couvrent à volonté les yeux & fe fervent
comme de lunettes; fi de là on paffe à l'examen des autres organes des fens & du mouvement, à celui de l'inftinct des bêtes : on fentira que tant de merveilles ne peuvent être
que l'ouvrage de la fageffe & de l'intelligence
d'un Être tout-puiffant, préfent par-tout, &
infiniment plus en état de créer, de mouvoir,
de gouverner le Monde, que nous ne le fommes
de mouvoir quelque partie de notre propre
corps. Nous ne devons pourtant pas regarder
le Monde comme faifant partie de Dieu, lui
qui eft un Être immatériel. L'Univers, étant
fon ouvrage, eft fubordonné à fa volonté fans
doute : mais il n'en eft point l'âme; pas plus
que l'âme de l'homme n'eft celle des images
corporelles que les fens tranfmettent au *fenforium*, où nous les appercevons immédiatement.
Les organes des fens ont été formés, non pour

mettre l'efprit en état d'appercevoir les images des chofes dans le *fenforium*, mais pour y tranfmettre ces images. Et Dieu auroit-il befoin de pareils organes, lui qui eft préfent par-tout?

Comme l'efpace eft divifible à l'infini, & que la matière n'eft pas néceffairement dans toutes les parties de l'efpace; Dieu peut créer des particules matérielles de différentes groffeurs & figures, en différents nombres par rapport à l'efpace qu'elles occupent, peut-être même de différentes denfités & de différentes forces : ainfi, il peut diverfifier les lois de la Nature, & faire des Mondes différents en différentes parties de l'Univers. Du moins ne vois-je là rien d'impoffible, rien d'improbable.

En Phyfique & en Mathématiques, il faut employer, dans la recherche des chofes difficiles, la méthode analytique, avant de recourir à la méthode fynthétique. La première confifte à faire des expériences & des obfervations, à en tirer des conféquences générales, à n'admettre aucune objection qui ne foit tirée de quelque fait ou de quelque vérité certaine, & à compter pour rien les hypothèfes. Quoique

le raisonnement fondé sur des expériences &
des observations n'établisse pas démonstrative-
ment une conséquence générale: cette méthode
est pourtant la meilleure manière de raisonner
sur la nature des choses; & elle doit toujours
être réputée d'autant plus solide, que la conséquence est plus générale, & que l'observation
ne la dément pas. Mais si quelque phénomène
fesoit exception, il faudroit alors restreindre la
conséquence suivant les cas. A la faveur de
cette espèce d'analyse, on peut passer des composés aux simples, des mouvements aux forces
motrices, des effets aux causes, & des causes
particulières aux causes générales, jusqu'à ce
qu'on parvienne à la CAUSE PREMIÈRE. Telle
est l'analyse. Quant à la synthèse, elle consiste
à prendre pour principes des causes connues &
constatées, à expliquer par leur moyen les phénomènes, & à prouver ces explications.

Dans les deux PREMIERS LIVRES de ce
TRAITÉ, j'ai employé l'analyse, pour découvrir & démontrer les différences essencielles
des rayons de lumière, relativement à la réfrangibilité, à la réflexibilité, aux couleurs,
aux accès de facile réflexion & de facile transf-

miſſion, & aux propriétés des corps tant opaques que tranſparents d'où dépendent les réflexions & les couleurs. Ces découvertes une fois bien conſtatées, on peut employer la méthode ſynthétique pour expliquer les phénomènes. J'ai donné un exemple de cette méthode à la fin du PREMIER LIVRE. Dans CELUI-CI, j'ai commencé l'analyſe de ce qui reſte à découvrir des propriétés de la lumière & de ſes effets ſur les corps; laiſſant aux curieux le ſoin d'examiner cette eſquiſſe, & de la perfectionner par des expériences & des obſervations plus recherchées.

FIN.

OBSERVATIONS

PARTICULIÈRES.

Quelque sublime que soit un ouvrage didactique, il est rare que toutes les parties en soient également soignées, toutes également solides, toutes également lumineuses.

On seroit d'abord tenté de donner comme un modèle achevé l'Optique de Newton : mais si elle parut même à son auteur loin encore d'être parfaite, faut-il s'étonner que de bons juges y ayent découvert quelques défauts.

On sait le grand nombre de Critiques qu'a essuyées cet ouvrage de génie ; Critiques la plupart très-mal fondées, & presque toutes fort superficielles. Je laisse dans l'oubli celles qu'ont faites les Castel, les Gauthier, les le Cat, & tant d'autres Savants, trop peu versés dans l'Optique pour entendre le Traité des couleurs.

Parmi celles qu'en ont faites les Physiciens géomètres, je me borne aux observations qui portent sur les parties foibles ou défectueuses de la théorie de Newton, aux Observations sur-tout qui sont relatives aux progrès que l'Optique a faits depuis ce grand homme.

(A. *tome* I, page 24). *La lumière du Soleil est composée de rayons différemment réfrangibles.*

M. l'Abbé Rochon trouve dans l'énoncé de cette proposition un défaut de précision mathématique : je ne saurois mieux faire que de renvoyer ici le lecteur aux Observations de ce sçavant Académicien, contenues dans le *Recueil de ses Mémoires sur la Mécanique & la Physique*, pag. 28.

(B. *ib.* pag. 28). *La différente matière des prismes ne produisoit aucun changement sensible dans la longueur du spectre.*

On voit par cette assertion que Newton n'avoit aucune idée des rapports de dispersion des différentes matières diaphanes, rapports que Dollond découvrit le premier : je renvoie encore ici le Lecteur aux Observations de M. l'Abbé Rochon, pag. 284 & 285 du *Recueil de ses Mémoires*.

(C. *ib.* pag. 59). Je le renvoie pareillement aux pag. 29, 30, 31 & 32 de ce *Recueil*, au sujet de la distinction faite par Newton entre les rayons homogènes & les rayons hétérogènes.

(D. *ib.* pag. 66).

(E. *ib.* pag. 68).

} Enfin je le renvoie aux pag. 15 - 25 du même *Recueil*, au sujet des résultats de la XI & de la XII EXPERIENCE.

(F. *ib.* pag. 103). Quelques années avant que Newton eût inventé son télescope catoptrique, Jaques Grégori en avoit imaginé un, dont on trouve la description dans son *Optica promota* publiée en 1663. Ce télescope est composé d'un grand miroir de figure parabolique, d'un petit miroir de figure elliptique, & de deux oculaires. Il ne paroît pas qu'on ait jamais réussi à l'exécuter. L'extrême difficulté, pour ne pas dire l'impossibilité reconnue, de donner aux miroirs de pareilles courbures, engagea M. Hadlei à leur en substituer de sphériques; & ce ne fut guères qu'en 1726, que le télescope grégorien, perfectionné de la sorte, fut exécuté pour la première fois par quelques artiftes de Londres.

Comme il fait voir les objets dans leur fituation naturelle & qu'il fe dirige affez facilement, on le préfère au télefcope newtonien; il eft même à peu près le feul en ufage pour les objets terreftres. A dimenfions égales, il lui eft fupérieur en pouvoir amplifiant, mais il lui eft inférieur en clarté & en netteté : d'un côté, parce que la lumière, ayant un verre de plus à traverfer, y fouffre une plus grande déperdition; de l'autre côté, parce qu'on n'apperçoit que la feconde image toujours moins parfaite que la première, aulieu que dans le télefcope newtonien, il n'y a qu'une feule image.

Au refte, ils ont l'un & l'autre plufieurs défavantages communs : indépendamment de la grande difficulté de conferver au poli la figure régulière des miroirs ; & de la facilité avec laquelle ils fe terniffent; ces inftruments font toujours fombres.

Quoique fort au deffus des lunettes ordinaires, les télefcopes catoptriques font cependant fort au deffous des *lunettes achromatiques*. On verra ci-après jufqu'à quel point de perfection la fcience des lunettes a été portée par les efforts réunis de plusieurs grands Géomètres de nos jours, qui ont fait changer de face à cette partie intéressante de l'Optique, dont l'immortel Newton avoit cru appercevoir les bornes.

(G. *ib.* pag. 120). C'est sur-tout au sujet de cette PROPOSITION qu'il importe de consulter les Observations de M. l'Abbé Rochon, pag. 39-44 de l'intéressant *Recueil de ses Mémoires*.

(H. *ib.* pag. 127). La PROPOSITION qui fait le sujet de cette Expérience, a long temps arrêté les progrès de l'Optique.

On a vu à l'article de la VII PROPOSITION du LIVRE I, que deux obstacles s'opposoient au racourcissement & à la perfection des lunettes, *l'aberration de sphéricité* & *l'aberration de réfrangibilité.* Jusqu'alors on n'avoit trouvé d'autre moyen de remédier au premier, qu'en donnant peu d'ouverture aux objectifs, c'est à dire, en empêchant que les rayons trop écartés de l'axe n'entrassent dans la lunette & ne troublassent l'image. Quel que fût cet obstacle, il étoit assez léger toutefois en comparaison de l'autre, que Newton même avoit jugé insurmontable. Mais il n'est que trop vrai que ce grand homme s'étoit trompé : car il avoit manqué la feule de fes expériences qui auroit pu le garantir de l'erreur ; de forte que les réfultats qu'il en obtint, au lieu de l'éclairer fur la poffibilité de détruire l'aberration de réfrangibilité, n'avoient fervi qu'à le confirmer dans fon opinion.

Arrêtés par un obftacle réputé invincible, les Opticiens défefpéroient de pouvoir jamais perfectionner les lunettes, lorfqu'en 1747 le célèbre Euler leur apprit que, pour furmonter cet obftacle, il ne s'agiffoit que de le combattre par lui-même. Ce fut en réfléchiffant fur la ftructure de l'œil, qu'il imagina ce moyen. L'œil ne lui paroiffant compofé de matières diaphanes différemment réfringentes, qu'afin de corriger l'aberration que cauferoit néceffairement la différente réfrangibilité des rayons hétérogènes s'ils n'avoient qu'un feul milieu à traverfer ; il crut qu'en fefant des objectifs de deux matières différemment réfringentes, les réfractions inégales que ces deux matières occafionneroient aux diverfes efpèces de rayons pourroient fe compenfer mutuellement; ce qui feroit difparoître les iris. Les objectifs qu'il propofa en conféquence, confiftoient (comme celui que

Newton avoit imaginé pour détruire l'aberration de fphéricité) en deux lentilles de verre, convexes-concaves, oppofées l'une à l'autre par léur concavité, & remplies d'eau. En partant d'une hypothèfe particulière fur les réfractions proportionnelles des rayons hétérogènes dans différents milieux, il parvint à déterminer les courbures que devoient avoir les faces extérieures & intérieures de ces lentilles.

A peine ces recherches furent-elles publiques, que (67) Dollond s'empreffa d'en profiter : mais il rejeta les dimenfions qu'Euler avoit données aux objectifs, parce qu'elles étoient fondées fur une loi de réfraction purement hypothétique ; & il en calcula de nouvelles fur une autre loi, déduite de l'expérience même que Newton avoit manquée. Quel fut fon étonnement de trouver pour réfultat, que la réunion des foyers de tous les rayons hétérogènes ne pouvoit avoir lieu qu'à une diftance infinie de l'objectif. Ce réfultat détruifoit toute efpérance de parvenir jamais à corriger l'aberration de réfrangibilité, en combinant des matières différemment réfringentes :

_____

(67) Habile Opticien Anglois.

car on n'avoit aucune raison de soupçonner la
vérité de la loi de Dioptrique qu'il avoit prise
pour base de ses calculs ; loi fondée sur une
expérience si simple & si facile, qu'on n'auroit
guères imaginé que Newton l'eût manquée, lui
qui en avoit fait de si difficiles, de si délicates.

Euler fit voir, dans les *Mémoires de l'Académie de Berlin* pour 1753, que, si quelque expérience prouvoit la loi de réfraction sur laquelle
Dollond s'appuyoit, cette expérience prouvoit
également la sienne ; d'où il inféra qu'on n'étoit
nullement fondé à la rejeter & à lui en substituer une autre. Il fit plus ; il attaqua à son
tour la loi adoptée par Dollond, & il montra
qu'elle renfermoit une contradiction manifeste.
Enfin il fit voir qu'en la supposant vraie, il
ne seroit pas même possible de diminuer la
confusion produite par la différente réfrangibilité ; puisqu'elle dépendroit toujours également
de la distance du foyer des objectifs, de quelque manière qu'on les composât de matières
différemment réfringentes. Ainsi, quoique l'œil
soit composé de différentes humeurs, les images
des objets ne devroient pas plus être exemptes
d'iris, que s'il n'en contenoit qu'une seule.

Mais

Mais puisqu'on ne voit jamais à œil nud les objets bordés d'iris ; il restoit constant qu'il n'étoit pas impossible de détruire entièrement l'aberration de réfrangibilité, en combinant des matières différemment réfringentes.

Ces raisons ne purent rien sur l'esprit prévenu de Dollond, qui se contenta toujours de leur opposer l'autorité & les expériences de Newton. Quelques Savants parmi nous, peu satisfaits de cette manière de traiter la question, engagèrent M. Clairaut à prendre connoissance de l'affaire. La première chose que fit cet habile Géomètre, fut d'examiner la loi hypothétique de réfraction donnée par Euler ; mais elle ne soutint point l'examen. Persuadé d'ailleurs que Newton avoit fait avec son exactitude ordinaire l'expérience d'où il avoit tiré la loi adoptée par Dollond, il en conclut qu'il n'étoit réellement pas possible de détruire les iris au moyen d'objectifs composés de deux matières différemment réfringentes.

Tout sembloit conspirer à faire renoncer aux grandes vûes d'Euler, lorsqu'en 1755 M. Klingenstierna (Professeur de Mathématique à Upsal) fit remettre à Dollond un Mémoire, qui le força de douter de l'expérience newtoniène, quoiqu'elle n'y fût attaquée que par le raisonnement & la Géométrie.

La proposition à laquelle cette expérience devoit servir de preuve, se réduit à celle-ci : « La lumière reste blanche toutes les fois qu'elle traverse deux milieux de densité différente, de manière que les rayons émergents soient parallèles aux rayons incidents, c'est à dire, de manière que la réfraction des uns soit détruite par la réfraction des autres ». Dollond, cherchant à s'assûrer de la vérité, répéta l'expérience de la manière indiquée par Newton. Il prit deux plaques de verre, qu'il joignit par deux de leurs bords de façon qu'on pût varier à volonté l'angle qu'elles fesoient, & il remplit d'eau l'espace intermédiaire : ensuite il plongea, dans l'eau de ce prisme variable dont l'angle étoit tourné en bas, un prisme de verre dont l'angle étoit tourné en haut ; puis fesant mouvoir les plaques de verre, il leur donna une inclinaison telle que les objets paroissoient, à travers ce double prisme, à la même hauteur qu'à œil nud ; bien assûré qu'alors la réfraction d'un prisme étoit anéantie par celle de l'autre. Cependant les objets parurent environnés d'iris ; phénomène diamétralement opposé à l'expérience de Newton. Il est vrai qu'en continuant à mouvoir les plaques, il parvint à voir, à travers les deux prismes, les objets absolument sans iris ; mais alors il ne les voyoit plus à la même hauteur qu'à œil nud : les différences de réfrangibilité des rayons hétérogènes s'étoient donc mutuellement corrigées , sans que les réfractions absolues se fussent détruites.

Après de pareils résultats, Dollond admit enfin la possibilité de détruire l'aberration de réfrangibilité au moyen de matières différemment réfringentes, & il ne balança plus à travailler à la réaliser. D'abord il employa le verre & l'eau pour former ses objectifs, comme avoit fait Euler : mais il s'apperçut bientôt que les courbures qu'exigeoient les verres pour faire disparoître les iris, étoient trop considérables pour ne pas produire une très-grande aberration de sphéricité, à moins qu'on ne prît le parti de ne leur laisser qu'une très-petite ouverture ; inconvénient qu'Euler avoit prévu, & qu'il regardoit comme un des plus considérables que sa théorie pût éprouver dans la pratique.

Cet inconvénient fit penser à Dollond qu'il n'étoit pas possible de réussir en combinant le verre & l'eau. On a lieu de croire toutefois qu'il ne lui auroit pas paru aussi grand, s'il avoit employé le véritable rapport des dispersion de la lumière dans l'eau & le verre ; ce rapport étant, d'après les expériences de Clairaut, à peu près celui de 3 à 2, aulieu de celui de 5 à 4 dont il s'étoit servi : & il n'est pas douteux qu'il eût trouvé des courbures moins considérables, peut-être même n'auroit-il pas été forcé d'abandonner cette construction des objectifs par la nécessité de trop diminuer leur ouverture. Au reste, il fut heureux, pour les progrès de l'art, que ce savant Opticien crût devoir y renoncer. Depuis long temps il avoit observé que certaines espèces de verre donnent des images plus nettes que d'autres. Conjecturant que cette différence de netteté venoit de celle de leurs forces réfringentes relativement aux rayons hétérogènes, il pensa que telle espèce de verre pourroit rendre la différence de réfrangibilité du rouge au violet beaucoup plus sensible que telle autre, & occasionneroit de la sorte des iris plus étendues, quoique la réfrac-

tion moyenne ne fût pas fort différente : con-
jectures qui le déterminèrent à chercher des efpèces de verre qui euffent ces propriétés.

Il n'en trouva point qui difpersât plus les
rayons, c'eft à dire , qui fît paroître une auffi
grande différence de réfrangibilité entre les rayons
rouges & les rayons violets, qu'un verre très-
blanc & très diaphane nommé *Flintglafs* : & il
n'en trouva point qui difpersât moins les rayons
& qui fut conféquemment plus propre à être
combiné avec l'autre , qu'un verre verdâtre
nommé *Crownglafs*. Le rapport de difperfion
qu'il trouva entre ces deux efpèces de verre
approche de celui de 3 à 2.

Pour découvrir ce rapport, il fit différents prifmes de ces verres, & il en changea peu à peu les
angles jufqu'à ce qu'il eût deux prifmes, qui,
appliqués l'un contre l'autre en ordre inverfe,
produififfent une réfraction moyenne fenfible,
fans cependant que les objets paruffent environnés d'iris.

Enfuite il chercha les dimenfions que doivent avoir deux lentilles faites de ces deux efpèces de verre, pour compofer un objectif qui
réuniît exactement les foyers de tous les rayons

hétérogènes. Ses recherches n'eurent pas d'abord le succès qu'on auroit pu en attendre. Il trouva, qu'il falloit des courbures trop grandes pour permettre de négliger l'aberration de sphéricité. Ce ne fut qu'après avoir combiné les différentes espèces de courbure, qui, par la nature du problême, font également propres à réunir les foyers des rayons hétérogènes, qu'il parvint à trouver celles qui donnoient une aberration de sphéricité insensible. Les lunettes qu'il construisit d'après ces principes se trouvèrent si supérieures à celles qu'on avoit faites jusqu'alors, qu'une lunette de cinq pieds fesoit autant d'effet que les lunettes ordinaires de quinze pieds; & comme elles étoient exemptes d'iris, on les désigna sous le nom de *Lunettes achromatiques.* Dollond ayant caché soigneusement la route qu'il avoit suivie pour faire des objectifs exempts des deux espèces d'aberration; on sentit la nécessité & l'importance d'une théorie, à l'aide de laquelle on pût faire, non seulement d'aussi bons objectifs, mais de plus parfaits encore.

Deux grands Géomètres, MM. Klingenstierna & Clairaut, s'empressèrent de la donner. On trouve les premières recherches de l'un dans les *Actes de l'Académie de Stockholm* pour l'année 1760, & dans le *Journal des Savants* du mois d'Octobre 1762 ; celles de l'autre, dans les *Mémoires de l'Académie des Sciences* pour les années 1756, 1757, & 1762. M. d'Alembert entreprit de son côté le même travail, dont il a publié le résultat dans le 3ᵉ volume de ses *Opuscules*. Outre l'objet principal, il en traite plusieurs autres, qui n'avoient été traités qu'imparfaitement avant lui, ou ne l'avoient pas même été du tout. Mécontent de ses premières recherches, il s'est occupé de nouveau du même objet, dans la vûe d'ajouter à la théorie toutes les applications que la pratique peut exiger. M. Klingenstierna a aussi continué ses recherches ; on les trouve réunies dans une pièce couronnée à Pétersbourg en 1762. Enfin Euler, le P. Boscovich, & M. l'Abbé Rochon ont traité la même matière : le premier, dans sa *Dioptrique*, & dans un Mémoire imprimé parmi les *nouveaux Mémoires de Pétersbourg* ; le second, dans un volume des *Commentaires de l'Institut de Bologne* ; & le troisième, dans plusieurs *Mémoires* qui ont mérité les éloges *de l'Académie des Sciences*, dont il est membre.

C'eſt ici le lieu de faire connoître aux lecteurs deux méthodes particulières de perfectionner les lunettes achromatiques.

Les premiers Géomètres de l'Europe s'étoient occupés à déterminer les courbures les plus convenables aux verres des objectifs compoſés, d'après les différents rapports de réfraction & de diſperſion des divers milieux réfringents. Mais pour appliquer avec ſuccès la théorie à la pratique, il importoit de déterminer ces rapports par expérience, & avec une préciſion extrême. Cette détermination n'étoit pas ſans difficultés : M. l'Abbé Rochon a ſu les vaincre, & la méthode qu'il a employée eſt très-ſupérieure à celles qui étoient en uſage.

Elle conſiſte à placer l'un ſur l'autre deux priſmes égaux, de manière que les plans qui paſſent par les axes de leurs baſes, & qui les coupent en deux ſuivant leur longueur, ſoient parfaitement parallèles. Enſuite on les fait mouvoir circulairement ſur leur centre. Tandis que le tranchant de l'un répond au dos de l'autre, leur effet ſur la lumière eſt nul ; & il n'eſt jamais plus grand que lorſque les deux tranchants ſe répondent. Or lorſqu'on fait décrire 180 de-

grés à l'un de ces prismes, ils équivalent successivement à un prisme simple de tous les angles
possibles depuis zéro jusqu'à la somme de leurs
angles; & leur effet sur la lumière passe par
tous les degrés intermédiaires. M. l'Abbé Rochon
détermine l'angle du prisme simple qui corres-
pond au prisme composé dans une position quelconque, en observant l'arc que décrit l'un des
prismes mobiles : ce qui est fort aisé en les mon-
tant sur deux cercles de cuivre concentriques
entre eux & avec les mouvements des prismes,
d'un rayon un peu plus grand, & bien divisés.

Ce prisme variable se place devant l'objectif
d'une bonne lunette achromatique ; puis on observe les effets du prisme grossis par tout le
pouvoir amplifiant de la lunette : de la sorte,
on parvient à rendre sensibles des différences
de réfraction & de dispersion, qui jusqu'ici ont
échapé à tous les observateurs. L'Auteur nomme *Diasporamètre* l'instrument que forment la
lunette & le prisme variable : on voit que cet
instrument fournit un moyen bien simple de
détruire parfaitement l'aberration de réfrangibilité.

Le prisme variable est fait de verre ordinaire de S. Gobin; & ceux qui le composent ont chacun cinq degrés. C'est ce verre que notre Académicien a choisi pour terme commun de comparaison.

L'usage du Diasporamètre est fort simple. Après avoir successivement placé les prismes de toutes les matières transparentes dont on veut déterminer la dispersion, dans une coulisse propre à les retenir & pratiquée entre le prisme variable & l'objectif de la lunette, on leur donne à chacun le même angle qu'au prisme variable; puis regardant à travers la lunette & les prismes un papier blanc bien éclairé, on change la position ou l'angle du prisme variable, jusqu'à ce que l'image du papier paroisse parfaitement distincte & sans iris; on prend sur les cercles de cuivre divisés l'écartement des deux prismes mobiles, & on en conclut l'angle du prisme variable, par conséquent le rapport de la dispersion de la matière qu'on éprouve à la dispersion du verre dont est formé le prisme variable.

Non content d'avoir enrichi l'Art de différentes

méthodes de perfectionner la construction des lunettes achromatiques, M. l'Abbé Rochon l'a enrichi d'un moyen très-facile de corriger les mauvais effets provenant de l'irrégularité des surfaces internes des objectifs composés. Il consiste à interposer un fluïde diaphane entre ces verres : moyen efficace sur-tout pour les verres de grand diamètre, si rarement d'une courbure parfaitement égale dans toute leur étendue. Les expériences faites par l'Auteur, & qui ont été constatées par MM. les Commissaires de l'Académie, ne laissent aucun doute sur les avantages qui peuvent en résulter.

Le lecteur qui désireroit connoître particulièrement la théorie des lunettes achromatiques, doit recourir aux différents ouvrages dont nous venons de donner un apperçu, en attendant que M. l'Abbé Rochon ait mis au jour le Traité complet qu'il fait espérer sur cette matière importante.

(I. *tome* II, pag. 112.) La doctrine des accès de facile réflexion & de facile transmission, n'est pas, à beaucoup près, aussi satisfesante qu'elle eſt ingénieuſe : auſſi n'a-t-elle pas été fort accueillie ; un des plus grands Géomètres de ce ſiècle l'a même abſolument rejetée. Voyez le *Mémoire* d'Euler dans le *Recueil* de ceux de l'Académie de Berlin pour l'année 1752.

F I N.

TABLE

TABLE

DES MATIÈRES.

TOME PREMIER.

Tome II.   V

TOME SECOND.

Fin de la Table des Matières.

EXTRAIT DES REGISTRES
DE L'ACADÉMIE ROYALE DES SCIENCES.

MESSIEURS BAILLI, L'ABBÉ ROCHON, & moi, Commiſſaires nommés pour examiner une *Nouvelle Traduction de l'Optique de Newton*, en ayant rendu compte à l'Académie, elle a jugé cette Traduction digne de ſon Approbation , & de paroître ſous ſon Privilége. En foi de quoi j'ai ſigné le préſent certificat. A Paris, ce 4 Mai 1785. *Signé* LE MARQUIS DE CONDORCET.

PRIVILÈGE DU ROI.

LOUIS, PAR LA GRACE DE DIEU, ROI DE FRANCE ET DE NAVARRE : A nos amés & féaux Conſeillers, les Gens tenans nos Cours de Parlement, Maîtres des Requêtes ordinaires de notre Hôtel, Grand Conſeil, Prévôt de Paris, Baillifs, Séné-chaux, leurs Lieutenans Civils, & autres nos Juſticiers qu'il appartiendra : Notre amé *le Sieur* BEAUZÉE, Nous a fait expoſer qu'il déſireroit faire graver, imprimer, & donner au Public une *Traduction nouvelle de l'Optique de Newton, faite ſur la dernière Edition originale, ornée de vingt-une planches de figures par les meilleurs Maîtres, approuvée par l'Académie des Sciences, à Nous dédié, par ledit Sieur* BEAUZÉE, Éditeur ; s'il Nous plaiſoit lui accorder nos Lettres ſur ce néceſſaires. A CES CAUSES, voulant favorablement traiter l'Expoſant, Nous lui avons permis & permettons par ces Préſentes, de faire graver leſdits ouvrages, en telle forme & autant de fois que bon lui ſemblera, & de les vendre, faire vendre & débiter par-tout notre Royaume pendant l'eſpace de ſix années conſécutives, à compter du jour de la date des Préſentes. FAISONS défenſes à tous Deſſinateurs, Graveurs & autres perſonnes, de quelque qualité & condition qu'elles ſoient, de graver, ni faire graver, débiter ou faire débiter leſdits ouvrages, d'en introduire dans notre Royaume de Gravures étrangères, ni d'en faire aucuns extraits, ſous quelque prétexte que ce puiſſe être, ſans la per-miſſion expreſſe & par écrit dudit Expoſant, ou de ceux qui le repréſenteront, à peine de ſaiſie, tant des Deſſins, Planches & Eſtampes, que des uſtenſiles qui auroient ſervi à la contrefaçon, que nous entendons être faifis en quelques lieux qu'ils foient, de fix-mille livres d'amende, qui ne pourra être modérée pour la première fois, de pareille amende & de déchéance d'état en cas de récidive, & de tous dépens, dommages, & intérêts, conformément à l'Arrêt du Conseil du 30 Août 1777, concernant les contrefaçons. A la charge que ces Préfentes feront enregiftrées tout au long fur le Regiftre de la Communauté des Imprimeurs & Libraires de Paris, dans trois mois de la date d'icelles; que l'impreffion ou gravures defdits Ouvrages fera faite dans notre Royaume & non ailleurs; qu'avant de les mettre en vente, les Deffins ou Eftampes qui auront fervi à la gravure des Planches, feront remis dans le même état ès mains de notre très-cher & féal Chevalier, Garde des Sceaux de France, le Sieur HUE DE MIROMESNIL, Commandeur de nos Ordres, qu'il en fera enfuite remis deux Exemplaires dans notre Bibliothèque publique, un dans celle de notre Château du Louvre, un dans celle de notre très-cher & féal Chevalier, Chancelier de France, le Sieur DE MAUPEOU, & un dans celle dudit Sieur HUE DE MIROMESNIL: le tout à peine de nullité des Préfentes; du contenu defquelles vous mandons & enjoignons de faire jouïr ledit Expofant & fes ayans caufes, pleinement & paifiblement, fans fouffrir qu'il leur foit fait aucun trouble ni empêchement. VOULONS qu'en mettant en quelqu'endroit defdits, ces mots: *Avec Privilège du Roi*, ces Préfentes foient tenues pour duement fignifiées. COMMANDONS au premier notre Huiffier où Sergent, fur ce requis, de faire pour l'exécution d'icelles, tous actes requis & néceffaires, fans demander autre permiffion, & nonobftant Clameur de Haro, Charte Normande, & Lettres à ce contraires. CAR tel eft notre plaifir. DONNÉ à Paris, le vingt-fixieme jour du mois d'Avril l'an de grace mil fept cent quatre-vingt-fix, & de notre Regne le douzieme. Par le Roi, en fon Confeil.

LE BEGUE.

Regiftré fur le Regiftre XXII *de la Chambre Royale & Syndicale des Libraires & Imprimeurs de Paris*, nᵒ 621, fol. 568, *conformément aux difpofitions énoncées dans le préfent Privilege; & à la charge de remettre à ladite Chambre les neuf Exemplaires prefcrits par l'Arrêt du Confeil du 16 Avril 1785. A Paris le 13 Juin 1786.*

VALLEYRE jeune, Adjoint.

ERRATA.

Tome I.

Page 34, lig. 7, πγχρ; lisez : πqkq.
Page 124, lig. 19, tηθξ; lisez : πηθζ.
Page 141, lig. 1, Fig. 36 ; lisez : Fig. 38.
Page 145 , lig. 2, intérieurs ; lisez : extérieurs.
Page 161 , lig. 21, S & F; lisez : S & T.

Tome II.

Page 57, lig. 21 , b x ; lisez : b x.
Page 81, lig. 11, qu'il; lisez : qu'elle.
Page 226 ; lig. 18, qu'elle ; lisez : qu'il.

Défauts constatés sur le document original

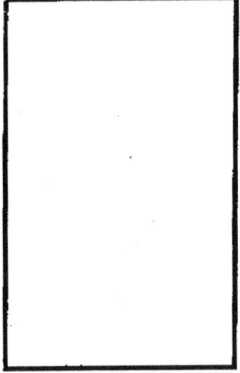

Contraste insuffisant ou différent, mauvaise qualité d'impression

Under-contrast or different, bad printing quality

www.ingramcontent.com/pod-product-compliance
Lightning Source LLC
Chambersburg PA
CBHW060421200326
41518CB00009B/1435